中药材生产先进实用技术丛书

中药材生产肥料施用技术

◎ 王文全　魏建和　主编

中国农业科学技术出版社

图书在版编目（CIP）数据

中药材生产肥料施用技术 / 王文全，魏建和主编．
—北京：中国农业科学技术出版社，2018.11
ISBN 978-7-5116-3376-7

Ⅰ．①中… Ⅱ．①王… ②魏… Ⅲ．①药用植物－栽培技术
②药用植物－施肥 Ⅳ．① S567

中国版本图书馆 CIP 数据核字（2017）第 285286 号

责任编辑 于建慧
责任校对 贾海霞

出 版 者 中国农业科学技术出版社
北京市中关村南大街 12 号 邮编：100081
电 话 （010）82109708（编辑室）（010）82109702（发行部）
（010）82109709（读者服务部）
传 真 （010）82106629
网 址 http：//www.castp.cn
经 销 者 各地新华书店
印 刷 者 北京富泰印刷有限责任公司
开 本 880mm × 1 230mm 1 /32
印 张 2.375
字 数 62 千字
版 次 2018 年 11 月第 1 版 2020 年 4 月第 8 次印刷
定 价 19. 00 元

《中药材生产肥料施用技术》编委会

主　编　王文全　魏建和

编　委　李隆云　卢丽兰　张豆豆　潘　媛

陈大霞　崔广林　张　应　王　钰

苏　昆

本书出版得到以下资助

① 国家中医药管理局：中医药行业科研专项

——30 项中药材生产实用技术规范化及其适用性研究（201407005）

② 工业和信息化部消费品工业司：2017 年工业转型升级（中国制造 2025）资金（部门预算）

——中药材技术保障公共服务能力建设（招标编号 0714-EMTC-02-00195）

③ 农业农村部：现代农业产业技术体系建设专项资金资助

——遗传改良研究室——育种技术与方法（CARS-21）

④ 中国医学科学院：中国医学科学院医学与健康科技创新工程重大协同创新项目

——药用植物资源库（2016-I2M-2-003）

⑤ 中国医学科学院：中国医学科学院医学与健康科技创新工程项目

——药用植物病虫害绿色防控技术研究创新团队（2016-I2M-3-017）

⑥ 工业和信息化部消费品工业司：工业和信息化部消费品工业司中药材生产扶持项目

——中药材规范化生产技术服务平台（2011-340）

序言

中药农业是中药产业链的基础。通过国家“十五”“十一五”对中药农业的大力扶持，中药农业在规范化基地建设、中药材新品种选育、中药材主要病虫害防治、濒危药材繁育等方面取得了长足进步，科学技术水平有了显著提高。但因中药材种类众多，受发展时间短、投入的人力物力有限影响，我国中药农业的整体发展水平至少落后我国大农业 20~30 年，远不能满足中药现代化、产业化的需要。

我国栽培或养殖的中药材近 300 种，种类多、特性复杂，科技投入有限，中药材生产技术研究和应用却一直处于两极分化状态。一方面，科研院所和大专院校的大量研究成果没有转化应用；另一方面，药农在生产实践中摸索了很多经验，但没有去伪存真，理论化和系统化不足，造成好的经验无法有效传播。同时，盲目追求产量造成化肥、农药、植物生长调节剂等大量滥用。针对这种情况，需要引进和借鉴农业和生物领域的适用技术，整合各地中药材生产经验、传统技术和现代研究进展，集成中药材生产实用技术，通过对其规范，研究其适用范围，是最大限度利用现有资源迅速提高中药材生产技术水平的一条捷径。

在国家中医药管理中医药行业科研专项“30 项中药材生产实用技术规范化及其适用性研究”（201407005）、中国医学科学院医学与健康科技创新工程重大协同创新项目“药用植物资源库”（2016-I2M-2-003）、农业农村部国家中药材现代农业产业技术体系“遗传改良研究室—育种技术与方法”（CARS-21）、工业和信息化部消费品工业司 2017 年工业转型升级（中国制造 2025）资金（部门预算）：中药材技术保障公共服务能力建设（招标编号 0714-EMTC-02-00195）、中国医学科学院医学与健康科技创新工程项目，药用植物病虫害绿色防控技术研究创新团队（2016-I2M-3-017）、工业和信息化部消费品工业司中药材生产扶持项目，中药材规范化生产技术服务平台（2011-340）等课题的支持下，以中国医学科学院药用植物研究所为首的科研院所，与中国医学科学院药用植物研究所海南分所、重庆市中药研究院、南京农业大学、中国中药有限公司、南京中医药大学、中国中医科学院中药研究所、浙江省中药研究所有限公司、河南师范大学等单位共同协作。并得到了国内从事中药农业和中药资源研究的科研院所、大专院校众多专家学者的帮助。立足于中药农业需要，整理集成与研究中药材生产实用技术，首期完成了中药材生产实用技术系列丛书 9 个分册:《中药材选育新品种汇编（2003—2016)》《中药材生产肥料施用技术》《中药材农药使用技术》《枸杞病虫害防治技术》《桔梗种植现代适用技术》《人参病虫害绿色防控技术》《中药材南繁技术》《中药材种子萌发处理技术》《中药材种子图鉴》。通过出版该丛书，以期达到中药材先进适用技术的广泛传播，为中药材生产一线提供服务。

感谢国家中医药管理局、工业和信息化部、农业农村部等国家部门及中国医学科学院的资助！

衷心感谢各相关单位的共同协作和帮助！

前言

肥料是指包括施用于土壤中或作物地上部分为作物提供一种或多种必需营养元素的物质任何有机的或无机的，天然的或合成的。世界各国的农业生产实践业已证明，肥料是促进农业生产发展的主要因素之一，同时也是建立可持续农业发展的重要物质基础。合理施用有机肥料和化学肥料能提高作物产量已是不容争辩的事实。

土壤、肥料、水是药用植物生长所必需的三个基本因素，其中，肥料是提供药用植物生长的粮食，是中药材栽培中重要的物质投入。在药用植物生长周期中科学合理施肥可以提供药用植物生长所需的矿质元素养分，促进药用植物的生长发育，增加药材产量，同时也可以提高药材质量。

随着科技事业的不断进步以及人民生活水平的提高，国内中药材的市场需求量极大，很多药材的临床应用广泛，已被广泛用于医药、化妆品、食品、兽药等行业。国外植物药市场上，部分中药材大量出口。为满足这种强劲的需求，人们对野生资源过度采挖，中药野生资源日趋减少。

为解决药源问题，除合理开发野生资源外，大力发展栽培中药材乃是当务之急。中药材在野生种变家种的过程中，栽培品种及面积不断增加，需要建立中药材规范化种植体系。然而，单靠土壤中营养物质供给是不够的，常年种植中药材亦使土壤质量退化呈逐年加剧之势。另外，中药材上施肥上存在常用肥料种类混乱或单一，施肥量过多或过少，施肥技术落后、栽培分散、缺乏指导等问题，因此，导致土壤质量退化、营养失衡。如何充分发挥肥料在中药材生产中的积极作用，尽可能地减少或完全控制其不利影响是当前中药材生产中需要迫切解决的科学问题。

随着市场经济的发展和人们对绿色食品需求的不断提高，对农产品品质也有了更高的要求，因此，有机肥的施用引起了人们的广泛关注。大量研究表明，施用有机肥不但可以提高作物产量，培肥地力，更能改善农产品品质。加大有机肥的使用，既是提供作物营养、实现农业增产增收的需要，也是保护土壤肥力与农村环境、实现农业循环经济的需要。我国农民有施用有机肥的传统，大幅度提高有机肥的施用比例，可实现农业的可持续发展。

本手册介绍了中药材植物营养的基础知识及科学施肥基本原理、常用肥料的种类及特点、常用施肥技术、中药材施肥情况，尤其对大宗中药材如甘草、黄芪、丹参、槟榔、白木香、黄连、金银花、青蒿施肥研究技术及成果进行梳理。内容先进性、科学性、实用性和可操作性强，适合中药材种植户和有关生产技术人员阅读。

本书由王文全、魏建和主编，李隆云、卢丽兰等参与了编撰工作，手册编写参考了相关书刊杂志，值此一并致以深切谢意！由于编者的研究水平和时间所限，难免存在缺点和疏漏之处，恳请读者批评指正，以便进一步修改。

编者

2017 年 3 月

目录

第一章　施肥基础知识

第一节　植物的营养需求

植物的组成十分复杂，一般新鲜的药用植物含有 75%~95% 的水分，5%~25% 的干物质。植物烘干后获得的干物质包括无机和有机两类物质。干物质燃烧后所剩的物质，称为灰分，是无机态的氧化物。

植物灰分中至少有几十种化学元素，几乎包括自然界存在的全部元素。各种元素在植物体内含量受植物种类、生育期、外界气候条件、土壤的物质组成等影响，而且各种营养元素并非全部都是植物生长发育所必需的，植物不仅吸收必需营养，同时也会吸收一些非必需的或者是有毒的元素。根据营养元素在植物生长发育过程中是否是必需的、是否有害，将其分为必需营养元素、有益元素和有害元素。

植物的必需营养元素是指所有植物正常生长发育所必需的，缺乏它植物就不能完成其生命史。到目前为止，国内外公认的高等植物必需的营养元素为碳（C）、氢（H）、氧（O）、氮（N）、磷（P）、钾（K）、钙（Ca）、镁（Mg）、硫（S）、铁（Fe）、锰（Mn）、锌（Zn）、铜（Cu）、钼（Mo）、硼（B）和氯（Cl），共 16 种。

在 16 种必需营养元素之外，还有一类营养元素虽不是所有药用植物所必需，但对某些药用植物的生长发育具有良好作用，或在特定条件下是必需的，称为"有益元素"，主要包括硅（Si）、钠（Na）、钴

(Co)、镍(Ni)、铝(Al)等。

有益元素与药用植物生长发育的关系可分为两种类型：第一种是在特定生物反应时，该元素成为某些药用植物种群的必需营养元素，如钴是根瘤固氮所必需的；第二种是某些药用植物在该元素过剩的特定环境中，经过长期进化后，使之成为需要的营养元素。

第二节　植物营养元素的吸收

一、植物吸收的三大营养元素

氮、磷、钾为植物营养三要素。氮是药用植物的主要营养元素，也是限制植物生长和形成产量的首要因素。氮是蛋白质、核酸、叶绿素以及许多酶的重要组成成分，药用植物体内维生素、生物碱和一些激素都含有氮素。磷既是药用植物体内许多重要含磷有机化合物的组成成分，又能以多种方式参与植物体的生理过程，对促进药用植物生长发育和新陈代谢、产量与质量等具有重要作用。钾具有酶的活化作用、增强光合作用，促进糖代谢及蛋白质合成，增加植物的抗逆性等生理功能。

二、营养元素间的相互作用

（1）氮与其他元素之间关系　氮和磷通常是协同作用，然而如果药用植物吸收过量的NO_3^-，可明显抑制磷的吸收，这时氮、磷之间就成了颉颃作用。一般情况下，氮、钾是协同作用，氮可以促进钾的吸收，因为钾的吸收与根中核糖核酸的消长有一定关系，而钾又能促进核糖核酸的合成，所以它们之间存在协同作用。但在高氮状态下，因吸收竞争，NH_4^+和钾是拮抗作用。适宜的氮锌配比，可提高药用植物对氮的吸收利用，有利于药用植物的生长发育。增施氮肥对锌吸收的影响因药用植物的种类和土壤pH值的不同而异。

（2）*磷与其他元素之间的关系*　适宜磷锌配比，有利于药用植物的生长发育，但高磷常会引起锌的缺乏。磷的供应过量会明显地钝化铁的活性，引起药用植物缺铁失绿。因含磷钼的阴离子复合物易被药用植物吸收，同时磷还起着使钼易于传递和释放药用植物输导组织中的作用，所以磷可以加强植株对钼的吸收和运输。

（3）*钾与其他元素之间的关系*　钾能提高植物对氮的吸收利用，并能很快转化成蛋白质。当钾供应充足时，进入植物体的氮比较多，形成的蛋白质也比较多。钾与镁的吸收总是相互抑制的。钾与钙之间的关系则取决于钾的数量，钾量大时两者之间相互抑制，钾量低时两者相互协助。钾可抵消磷锌之间的颉颃作用，对增加锌有效，减轻由高磷引起的缺锌症状。一般情况下，钾可明显影响药用植物对铁的吸收。

（4）*中药材生产中营养元素的相互作用*　编者对丹参氮磷配施进行研究，发现氮磷配施对株高和地上鲜重的影响均存在交互效应，即在固定配比下的氮磷元素能发挥出强于单独使用某种元素或其他配比的作用。有学者研究发现，磷能促进氮代谢，氮磷配施对株高与地上鲜重所产生的促进作用高于单独氮肥、磷肥所产生的效应这一现象可能与“磷能促进氮代谢”有关。

采用农业农村部推荐的“3414”回归设计不完全实施方案，每个重复设氮、磷2个因素，4个水平，9个处理，9个处理分别为N_0P_0、N_0P_2、N_1P_2、N_2P_0、N_2P_1、N_2P_2、N_2P_3、N_3P_2、N_1P_1。对于丹参地上鲜重，如图1–1、图1–2所示，7月5日前后、9月30日前后均是N_2P_1的交互效应最大，该处理的地上鲜重分别达13.22g、32.57g，分别比N_3提高了5.94%、14.14%；其余时期氮磷对丹参地上鲜重无交互效应。7月5日前后N_2P_1的交互效应对株高影响最大，该处理的株高达31.92cm，比P_3提高了10.35%；其余时期氮磷对丹参株高无交互效应。

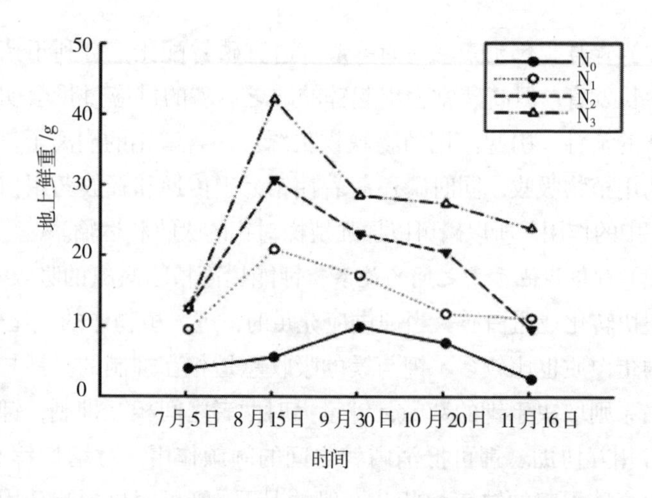

图 1-1　不同生长时期不同浓度氮对丹参地上鲜重的影响

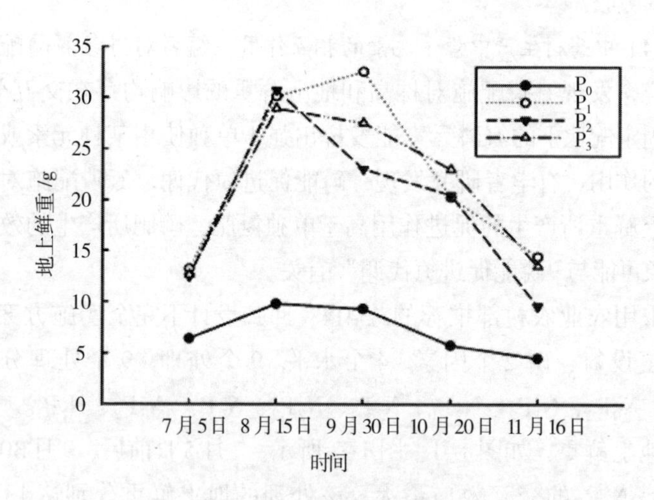

图 1-2　不同生长时期不同浓度磷对丹参地上鲜重的影响

对于根鲜重，如图 1-3、图 1-4，所示，7 月 5 日前后 N_2P_2 交互效应最大，该处理的根鲜重达 11.79g，比 P_3 提高了 2.69%。8 月 15 日前后 N_2P_1 交互效应最大，该处理的根鲜重达 34.56g，比 N_3 提高了2.03%，9月30日前后N_2P_1交互效应最大，该处理的根鲜重达40.73g，比P_3提高了4.59%，10月21日前后N_2P_2交互效应最大，该处理的根鲜重达40.55g，比N_3提高了2.41%。11月16日前无交互效应。

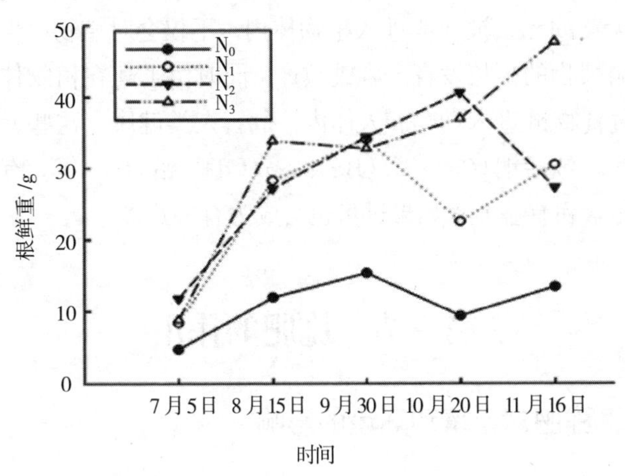

图1-3　不同生长时期不同氮对丹参根鲜重的影响

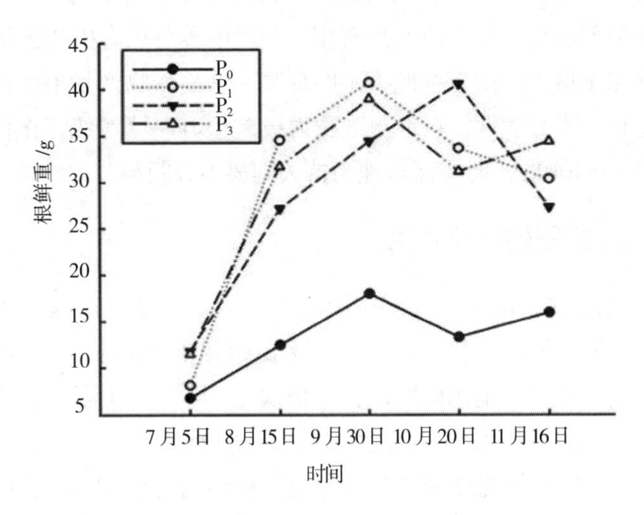

图1-4　不同生长时期不同磷对丹参根鲜重的影响

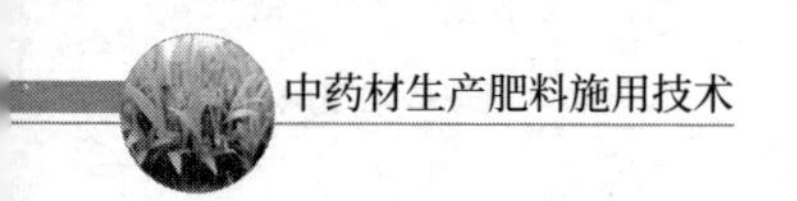

三、植物吸收的有害元素

药用植物生长发育过程中从外界环境中吸收各种养分，以满足其营养的需要。尽管有一定的选择性，但这种选择性是有限度的，致使一些无益的元素被动地进入植物体内，不仅会对植物产生毒害作用，影响植物的生长发育，造成减产，同时由于其在植物体内的残留，通过食物链进入动物和人体内，危害人类健康。这些元素称为有害元素。包括铜（Cu）、汞（Hg）、镉（Cd）、铅（Pb）等。有些必需的营养元素和有益元素如果过量也会成为有害元素。

第三节　施肥的作用

一、施肥对土壤和环境的影响

施肥对土壤有机质和营养元素含量影响最直接，施肥是保持土壤肥力不断提高，永续利用的前提。施入土壤中的肥料，当季作物不可能全部利用，每次收获后有相当数量的养分以有机或无机的形式残留在土壤中，使土壤肥力不断提高，这是作物产量不断提高的物质基础。研究表明，耕地土壤肥力级差上升一个等级，作物产量可提高 50~100kg，而要保持地力持久则离不开肥料。

二、施肥的增产作用

化肥是农业生产中的基本投入之一，不论是发达国家还是发展中国家都是增产最快、最有效、最重要的增产措施。按物投入要素对形成农业综合能力的贡献排序依次是：灌溉—化肥—良种—农机—役畜—农药—农膜，因此化肥作用十分重要。

1840 年，德国化学家李比西创立了植物营养学说，促进化肥研究，化肥在促进粮食产量增加方面作出了不可磨灭的贡献。据国外测算，现代农业产量至少有1/4是靠化肥获得的，在发达国家这一数字甚至可高达50%~60%。联合国粮农组织的统计资料表明，发展中国家施肥可能使作物单产提高35%~57%，其贡献率占40%~60%。1978年，世界肥料会议认为，发展中国家过去20年粮食的增产约有30%是由于化肥的施用，而禾谷类的增产约有50%是由于化肥的使用。新中国成立后，我国才开始使用化肥，并且用量迅速增加。1949年全国化肥施用量仅为0.06万t，1978年增到440万t，到1998年已增到4 085万t，2000年将达到4 900万t，而粮食的产量从解放初的1 000亿kg增至现在的5 000亿kg左右，增加4倍多，其中化肥的大量投入功不可没。

三、施肥对中药材产量和活性成分的影响

编者研究了不同肥料处理对5种中药材的影响，中药材包括菘蓝、甘草、黄芩、地黄、丹参等，肥料有通丰叶面肥、小胖墩肥、壮根灵等。分析说明，尽管不同肥料的作用有所差异，整体而言，经肥料处理的中药材产量及活性成分含量高于不施肥料的中药材。

不同肥料处理下菘蓝的生长现状显示，通丰叶面肥、小胖墩肥处理下的根鲜重显著高于空白对照即不施肥处理，相比分别增加28.03%和21.97%。通丰叶面肥处理下的根干重显著高于不施肥处理通丰叶面肥、小胖墩肥处理下的根干重分比空白处理高37.21%和25.58%。不同肥料处理下的菘蓝与对照相比，小胖墩肥处理下的菘蓝含量分别较空白处理高出38.78%和34.69%。这说明，通丰肥对菘蓝根生长具有显著的促进作用，一定浓度的小胖墩肥也对菘蓝根生长具有一定的促进作用；小胖墩肥对菘蓝根部表告依春的积累具有一定的促进作用。

不同肥料处理下甘草的生长现状分析可知，小胖墩处理下的甘草根鲜、干重分别较空白处理高出26.09%和31.67%。不同肥料处理对甘草酸、甘草苷和异甘草苷的积累影响较为明显。小胖墩处理

下的甘草酸和甘草苷含量显著高于不施肥处理（$P<0.05$），这说明小胖墩肥能有效促进甘草产量和活性成分的含量。

不同肥料处理下黄芩的生长现状分析可知，壮根灵处理下的黄芩单株根鲜、干重分别显著高出对照组36.66%和44.66%（$P<0.05$）；其次，小胖墩处理下的黄芩单株根鲜、干重分别高出对照组14.58%和21.12%。这说明，壮根灵肥能明显促进黄芩根部的生长，一定浓度的小胖墩肥也能促进黄芩根部的生长。

不同肥料处理下地黄的生长现状显示，小胖墩处理下的地黄根鲜、干重均显著高出空白组38.10%和29.94%（$P<0.05$）；通丰叶面肥和壮根灵处理下的地黄根鲜重分别较CK高出17.16%和18.37%；地黄根干重分别较不施肥处理高出16.61%、23.00%。通丰叶面肥处理下的梓醇含量显著高于空白组（$P<0.05$）。这说明，小胖墩肥能明显促进地黄的根生长；通丰肥和壮根灵肥对地黄的根生长也有一定的促进作用；通丰肥能明显促进地黄根部梓醇的积累。

不同肥料处理下丹参的生长现状分析可知，通丰叶面肥和小胖墩处理下的丹参根鲜、干重均显著高于CK（$P<0.05$）。通丰叶面肥和壮根灵处理下的丹参素钠含量显著高于CK（$P<0.05$）。这说明，通丰肥和两种浓度的小胖墩肥处理均能明显促进丹参根的生长；通丰肥和壮根灵肥对丹参中丹参素钠的积累具有明显的促进作用。

四、过量施用化肥的副作用

在过去的30年间，化肥是供应作物养分的最主要给源，但化肥的过多使用导致土壤有机质含量降低，土壤养分供应不平衡，环境污染，土壤酸化等问题。

（1）土壤微生态环境恶化　化肥施用搭配不合理，会导致土壤理化性质恶化。在长期的化肥使用过程中，氮、磷、钾及微量元素搭配不合理，造成了土壤有机质提高不快，某些不良性状改善缓慢。

长期施用化肥，会使土壤的养分平衡受到破坏。长期施用化肥情况下，发现某些土壤有效态的微量元素有下降趋势，不注意可能成为新的养分限制因子。在仅施氮肥和氮、钾的情况下，土壤磷损失加剧，比不施肥亏损量增加了16%~18%，而且土壤的Fe–P含量及在无机磷总量中的比例明显上升。

长期施用化肥的农田土壤螨的种类和数量明显减少，土壤生物间养分竞争激烈，土壤生物群落稳定性降低。

（2）*污染环境，施肥效率降低* 化肥施入土壤后，一部分被植物吸收利用，一部分被土壤吸附固定，其他部分进入环境。化肥的大量使用不仅造成农业点源污染所导致的湖泊与海洋富营养化，而且造成了因土壤淋溶导致的地下水尤其是硝酸盐的污染。

近年来，我国农田的化肥施用量仍在增加，其单位耕地用量为世界平均用量的2.9倍，化肥的利用率却不高，氮肥利用率约40%，磷肥利用率10%~20%，钾肥的利用率30%~40%，平均利用率为35%，而发达国家为50%~60%。从世界范围农业化肥的投入和作物产量分析，谷物的产量仅以算术级数增长，而化肥却几乎以几何级数增长。肥效降低，农民为获得高产增加化肥投入的同时增加了农业投入，造成增产不增收的现象。

（3）*病虫害加重，产品质量降低* 施肥不当，特别是施用氮肥不当，不仅可使土壤农业化学性质变劣，而且促进产生植物毒素的真菌发育。施用单一氮肥可削弱初生根和次生根的生长，又可以使土壤中病原菌数目增多和生物活力增强。氮肥是产品产量的决定因素，但过多的偏施氮肥虽然提高了产量，农产品品质却有所下降。

（4）*抑制中药材产量和活性成分含量增长* 编者以甘草、黄芪、丹参为试验品种，设置不同N、P、K浓度梯度处理，分析N、P、K用量对药材产量与活性成分含量的影响，结果说明营养元素用量过小过大对药材产量或活性成分含量有不用程度的抑制作用。

例1——甘草

分析甘草产量数据，以各元素的施肥水平为横坐标，分别以各

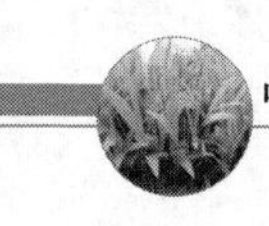

施肥水平处理对应的酒泉一年生、酒泉二年生和白音塔拉二年生甘草亩产量为纵坐标作图，见图 1-5 至图 1-7。当氮钾施用量一致的情况下，随着 P 元素施用水平由低到高的变化，过量的磷肥抑制酒泉地区一、二年生甘草亩产量增加，P_2 处理的赤峰白音塔拉两年生甘草亩产量大于其他处理，酒泉地区的速效磷明显大于赤峰地区，说明过量的磷肥抑制甘草的生长。当氮磷施用量一致的情况下，随着 K 元素施用水平由低到高的变化，K_2 处理的酒泉一、二年生甘草的亩产量均大于其他处理，而赤峰白音塔拉地区亩产量增加效应显著的处理是 K_1 处理，酒泉地区的速效钾小于赤峰地区，说明适宜水平的钾肥可以促进大田甘草亩产量的增加。

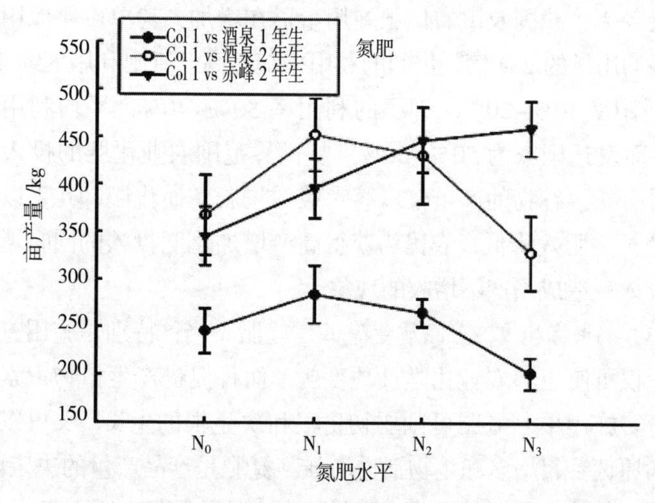

图 1-5　氮肥水平由低到高变化时大田甘草亩产量变化情况

分析甘草活性成分含量数据，在氮、磷、钾 3 种肥料元素中，分别以各因素 4 个水平的施用浓度为横坐标，11 月 12 日取样时相对应处理 1 年生甘草的甘草苷和甘草酸含量为纵坐标做散点图，根据

注：1 亩 =667m^2。全书同。

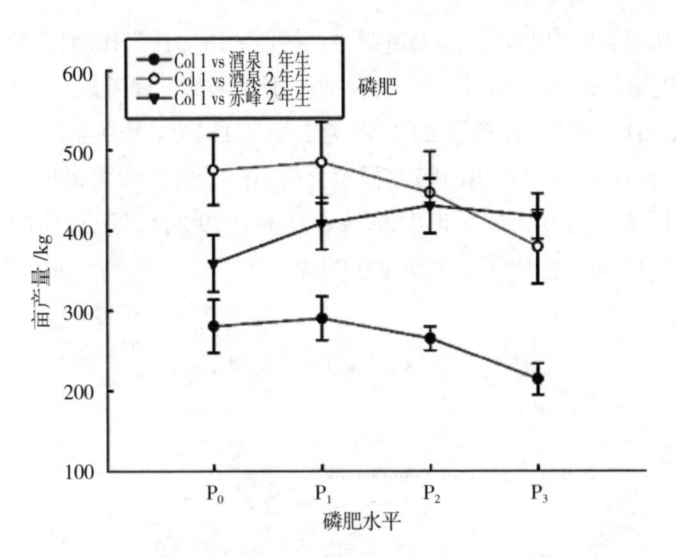

图 1-6　磷肥水平由低到高变化时大田甘草亩产量变化情况

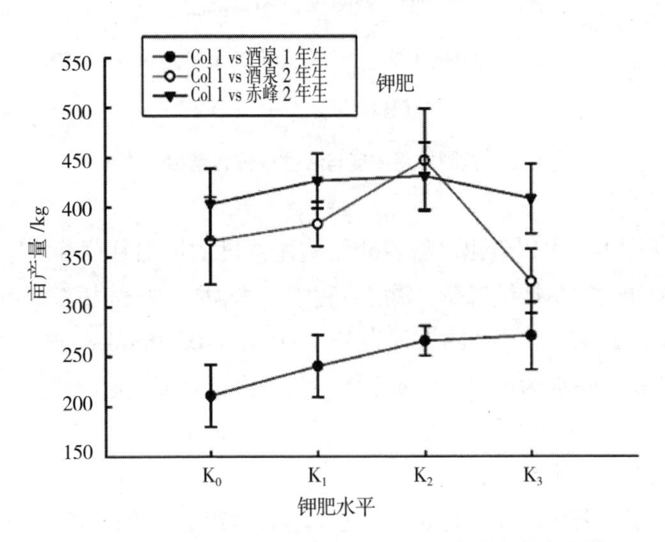

图 1-7　钾肥水平由低到高变化时大田甘草亩产量变化情况

散点图进行曲线的拟合见图 1-8 至图 1-10，通过回归分析建立氮、磷、钾肥肥料效应的一元二次方程。

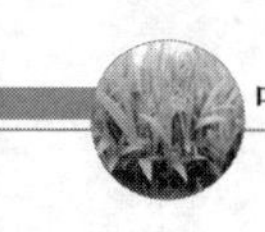

从图1-8可以看出，随着氮肥施用浓度的增加甘草苷、甘草酸含量的变化均是先升高再降低。氮肥方程中，甘草酸的方程为 $Y=-0.6191X^2+0.266X+0.3607$，甘草苷的方程为 $Y=-0.3134X^2+0.1086X+0.0808$，从 $R^2>0.85$ 可以看出回归方程拟合较好。求解方程可得出氮肥最佳施用浓度为0.215g/L时甘草酸含量为0.39%，氮肥最佳施用浓度为0.173g/L时甘草苷含量为0.09%。

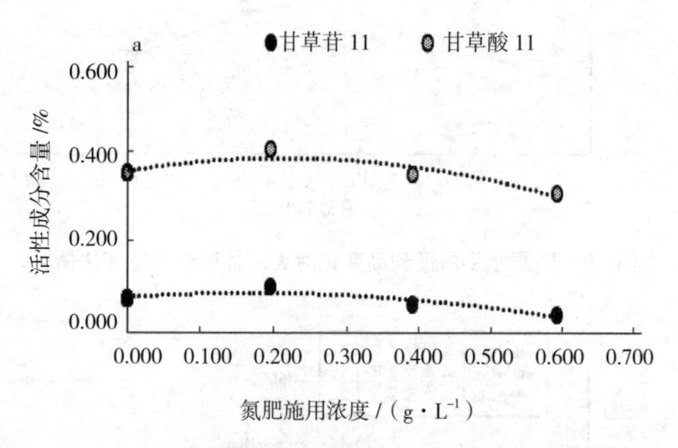

图1-8　氮肥施用浓度与活性成分含量拟合曲线

从图1-9可以看出，随着磷肥施用浓度的增加甘草苷、甘草酸含量的变化均是持续升高。磷肥方程中，甘草酸的方程为 $Y=3.06X^2-0.366X+0.282$，甘草苷的方程为 $Y=0.8104X^2-0.2168X+0.0647$，该方程中二次项系数为正，一次向系数为负，不符合报酬递减规律。

从图1-10可以看出，随着钾肥施用浓度的增加甘草苷、甘草酸含量的变化均是先升高再降低。

钾肥方程中，甘草酸的方程为 $Y=-1.4429X^2+1.0555X+0.2983$

甘草苷的方程为 $Y=-0.4948X^2+0.312X+0.0728$，从 $R^2>0.80$ 可以看出回归方程拟合较好。草苷、甘草酸含量的变化均是先升高再降低。钾肥方程中，甘草酸的方程为 $Y=-1.4429X^2+1.0555X+0.2983$，

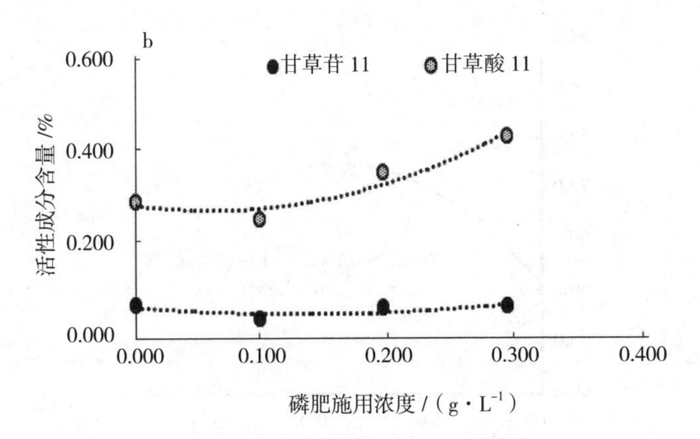

图 1-9　磷肥施用浓度与活性成分含量拟合曲线

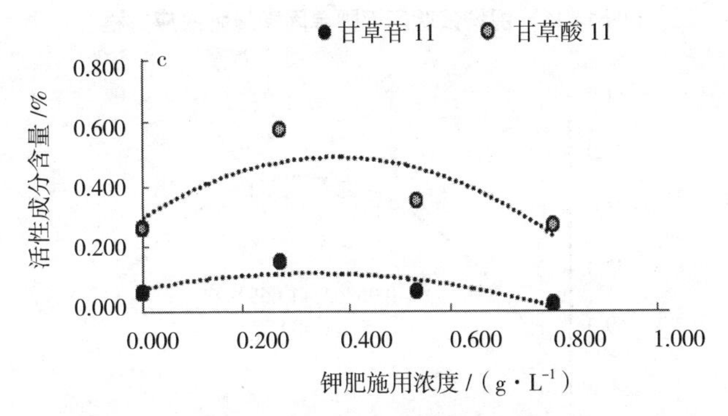

图 1-10　钾肥施用浓度与活性成分含量拟合曲线

甘草苷的方程为 $Y=-0.4948X^2+0.312X+0.0728$，从 $R^2>0.80$ 可以看出，回归方程拟合较好。求解方程可得出钾肥最佳施用浓度为 0.365g/L 时甘草酸含量为 0.49%，钾肥最佳施用浓度为 0.315g/L，是甘草苷含量为 0.12%。

例 2——黄芪

在河北围场试验区展开黄芪大田试验，氮磷钾的单因素施肥效应均拟合成功，拟合曲线如图 1-11 至图 1-13 所示，氮磷钾肥的回归方程如下：

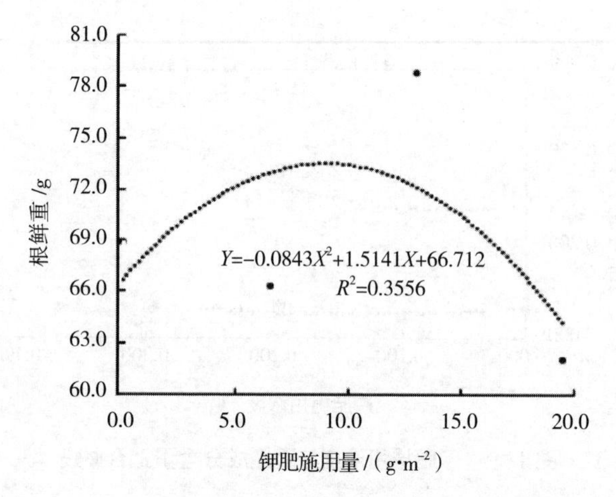

图 1-11　围场试验区钾肥单因素施肥效应方程

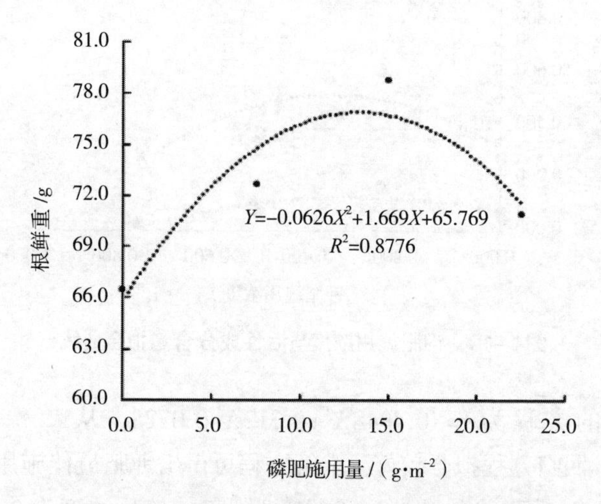

图 1-12　围场试验区磷肥单因素施肥效应方程

$Y_1 = -0.1115X_1^2 + 1.6961X_1 + 72.685,\ R^2 = 0.9175$

$Y_2 = -0.0626X_2^2 + 1.6690X_2 + 65.769,\ R^2 = 0.8776$

$Y_3 = -0.0843X_3^2 + 1.5141X_3 + 66.712,\ R^2 = 0.3556$

施肥效应均表现出抛物线型趋势，肥料用量过大或过小均会对

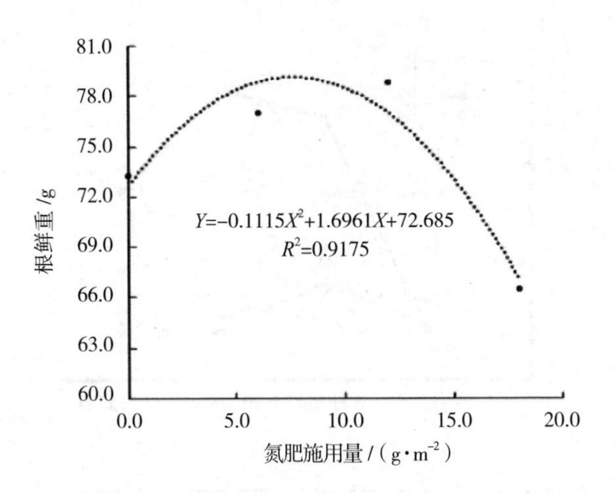

图 1–13　围场试验区氮肥单因素施肥效应方程

黄芪根鲜重产生抑制，求解的 N、P_2O_5 和 K_2O 最佳施用量分别为 7.06 g/m²、13.33 g/m² 和 8.98 g/m²。

分析黄芪活性成分毛蕊异黄酮苷含量可知，如图 1–14、图 1–15 所示，P_2K_2 的基础上，在 7 月 1 日前后，N_2 对毛蕊异黄酮苷促进效

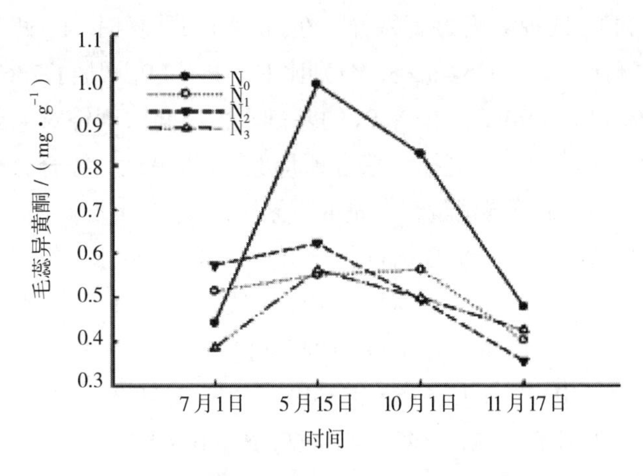

图 1–14　不同浓度氮对毛蕊异黄酮苷含量的影响

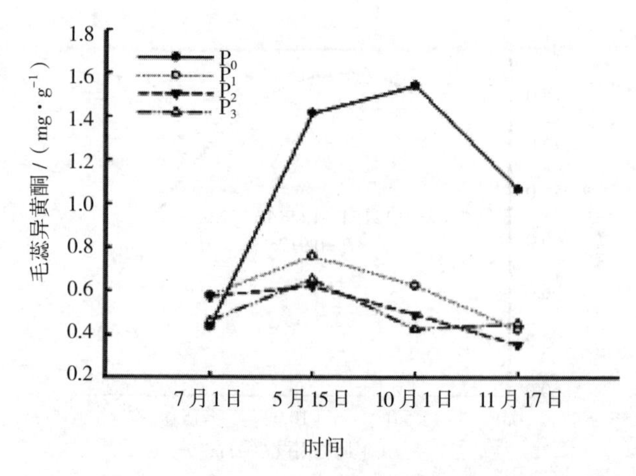

图 1–15　不同浓度磷对毛蕊异黄酮苷含量的影响

果较好，8月16日后，N_0 处理的毛蕊异黄酮苷含量较高，N_3、N_2 和 N_1 处理间无显著差异。10月1日前后，N_0 处理的毛蕊异黄酮苷含量达 0.83 mg/g，分别比 N_2、N_3 和 N_1 增加了67.44%、66.03% 和 46.70%；N_2K_2 的基础上，P_1、P_2 在7月1日前后利于毛蕊异黄酮苷的积累，8月16日后，毛蕊异黄酮苷随磷浓度升高呈下降趋势，P_1、P_2 和 P_3 处理间无显著差异。在10月1日取样时，P_0 处理的毛蕊异黄酮苷含量达 1.54 mg/g，分别比 P_3、P_2 和 P_1 增加了 236.46%、212.75% 和 146.90%；在 N_2P_2 的基础上，不同浓度钾对毛蕊异黄酮苷含量影响无明显规律，综合评价 K_0 效果最优。综合分析 0 水平的氮磷利于毛蕊异黄酮苷含量的积累。

对丹参根干重产量数据进行分析，分别以不同水平氮肥、磷肥对应的浓度为自变量（*X*a、*X*b），根干物质积累为因变量（Y），进行一元回归，如图 1–16、图 1–17，回归方程如下：

$$Y= -5.1403Xa^2 + 15.636Xa+ 3.4016,\ R^2 = 0.9498$$

$$Y= -14.87Xb^2 + 21.13Xb + 4.8969,\ R^2 = 0.9584$$

求解得 $Xa_1= -0.793$、$Xa_2=3.835$；$Xb_1=-0.677$、$Xb_2=2.098$。如

图所示，磷肥用量过高过低均会抑制根干重，当根干物质达到最高点时对应的 Xa、Xb 是 1.521 g/L、0.710 g/L。

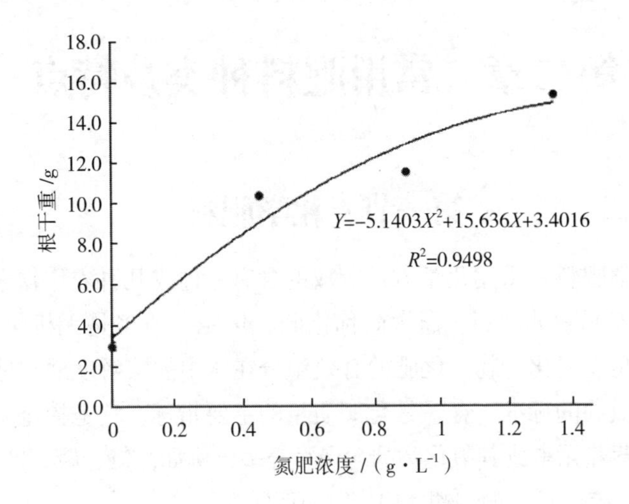

图 1–16　氮肥与根干物质积累回归分析

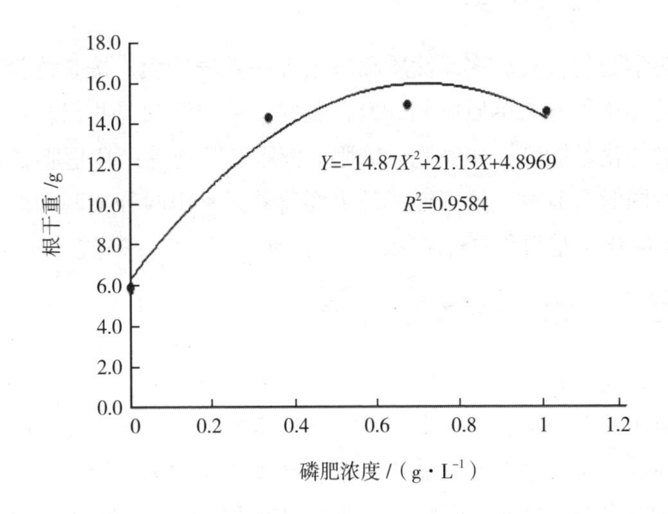

图 1–17　磷肥与根干物质积累回归分析

第二章　常用肥料种类及特点

第一节　化学肥料

化学肥料是采用化学方法制成的含有一种或几种农作物生长需要的营养元素的肥料。通常简称化肥。化肥一般多是无机化合物，仅尿素是有机化合物。化肥的有效组分在水中的溶解度通常是度量化肥有效性的标准。含量是化肥质量的主要指标，它是指化肥产品中有效营养元素或其氧化物的含量百分率，例如，氮、磷、钾、钙、钠、锰、硫、硼、铜、铁、钼、锌的百分含量。

一、化肥的种类

化学肥料种类较多，性质和施用方法差异较大。按其营养元素种类的多少可分为单质肥料和复合肥料。单质肥料是指只含一种营养元素的化学肥料，如氮肥、磷肥、钾肥、锌肥等；凡是肥料有效成分中同时含有氮、磷、钾三种主要营养元素中两种或两种以上营养元素的化学肥料称复合肥料，如磷酸铵、硝酸钾、磷酸二氢钾等。

二、化肥施用方法及优缺点

按其施用方法可分为基肥和叶面肥。土壤中的常量营养元素氮、磷、钾通常不能满足作物生长的需求，需要施用含氮、磷、钾的化肥来补足。而微量营养元素中除氯在土壤中不缺外，另外几种营养元素则需施用微量元素肥料。合理施用单质肥料能收到明显的增产、增收和改善产品品质的效果。复合肥料具有养分种类多，含量高；

副成分少，对土壤的不良影响小；节省贮运、施用费用的优点。但是其缺点在于化合复合肥料养分比例固定，不能适用于各种土壤和药用植物对养分的需求；难以同时满足施肥技术的需求，不能充分发挥所含各种养分的最佳施肥效果。

为了充分发挥复合肥料的优越性，克服其缺点，应该根据不同的土壤条件、各种药用植物生长特点、需肥规律，研制各种专用复合肥料，同时在施用方法上采用合理的施用技术以充分发挥其增产增效作用。

撒施化肥

第二节　有机肥料

一、有机肥概述

有机肥料是指含有有机物质，既能提供农作物多种无机养分和有机养分，又能培肥改良土壤的一类肥料。属于天然有机质经微生物分解或发酵而成的一类肥料。其中绝大部分为农家就地取材，自行积制的，这类有机肥料又称农家肥。

施用有机肥能增加土壤有机质，改善土壤的团粒结构，改良土壤性质、提高土壤的保水、保肥能力和通气性，提高土壤生物活性，提高土壤养分有效性，尤其在改善药用植物品质、培肥改良土壤、减轻环境污染等方面是化学肥料无法代替的。有机肥料来源广，种类多，数量大，如粪尿肥料、秸秆肥、绿肥、杂肥类、微生物肥料等。

有机肥料含有机质多，有显著的改土作用，含有多种养分，有完全肥料之称，它不但含有植物生长所必须的大量元素和微量元素，而且还含有维生素、生长素、抗生素等物质，既能促进植物生长，又能保水保肥。但是有机肥料养分含量低，尤其是肥料中的氮当年利用率（29%~30%）低，施用量相当大，需要较多的劳动力和运输力量。有机肥料所含养分大多数为有机态，供肥时间长，但供应数量少，肥效缓慢。有机肥料，原料来源广，数量大；养分全，含量低；肥效迟而长，须经微生物分解转化后才能为植物所吸收；改土培肥效果好。

施用有机肥

二、有机肥种类

据调查，目前使用的有机肥料有 14 类 100 多种。主要有机肥一般分为以下几个种类：

（1）畜禽粪便　畜禽粪便一直是我国农业生产中有机肥的主要来源，20 世纪 80 年代后期，随着养殖业迅速开展和密集养殖的发展，传统的肥料因没有足够的土地投放成为主要的固体废弃物。据统计，2007 年我国畜禽粪便产生量为 4 亿 t，约相当于工业固体废弃物的 4.1 倍。在每年轮作系统中，将方便利用的粪肥取代无机肥料可以提高土壤中有机质含量，但未经腐熟的粪肥可能具有滋生病原菌，导致微生物活性不稳定，降低土壤含水量、孔隙度，恶臭等缺点。

（2）作物秸秆　作物秸秆种类繁多，包括各种作物残留物，例如，玉米、稻草、麦秸、棉花秆、红藤以及玉米芯、花生皮等农业纤维素类资源。秸秆还田具有保水保温、改善土壤供水状况、防止土壤侵蚀等作用，自古就是我国培肥土壤、保障粮食安全，促进农业发展的重要措施。现如今，秸秆在改善土壤理化性质，增加土壤通气孔隙和大粒径团聚体、改善土壤肥力、提高作物产量等方面的作用已被人们广泛接受。每年农业生产过程中都会产生大量的作物秸秆，近年来，将其用于堆制肥料，不仅可以减少燃烧秸秆产生的环境问题，也为农业生产提供了必要养分来源。

（3）饼肥　饼肥是油料作物（如菜籽、豆粕和芝麻饼等）的种子榨油后剩下的残渣压制而成的肥料，饼肥中含有氮、磷、钾和多种微量营养元素，是一种有利于植物生长的有机肥料，含有微生物生长所需的碳源，可以有效改善植物根际微生态环境。研究表明，饼肥中含有大量可以抑制根际线虫卵孵化的油类物质，具有降低线虫危害的作用。饼肥含有各种高级脂肪酸还可提高烟叶品质和产量。

（4）堆肥　堆肥是利用有机废弃物富含有机质及营养物质的特点，主要在好氧微生物作用下，经过中温期、高温期、降温期和腐熟期四个阶段将有机废弃物制成成品堆肥。在堆肥化过程中，微生物通过自身的新陈代谢，把一部分有机物氧化成简单的有机物或无机物供作物吸收利用，把另一部分有机物转化为稳定的腐殖质（C

和 N)，可促进土壤团粒结构的形成，改善土壤的理化性状。同时，有机肥的堆制过程可以杀死病原菌、降低有害物质的潜在危害。腐熟堆肥不仅降低了有机固体废弃物的环境风险，而且具有施用方便的特点，有利于改善农田土壤理化性质、提高土壤各种养分。因此，堆肥已广泛应用于农田、林地、草地、育苗基质、市政绿化及修复污染严重土地等领域。

（5）城市污泥　城市污泥是采用活性污泥法处理污水过程中产生的副产物，它是由有机物残片、细菌菌体、无机颗粒、胶体等组成的极其复杂的非均质体。据调查，每处理万吨废水就会产生 0.3~3.0t 干污泥。2007 年，我国城市污泥干重产生总量已达到 900 万 t，约为 2002 年的 5 倍。随着我国污水处理技术的普及，污泥产生量仍会每年以约 10% 的速率增长。而其富含营养元素，早期的城市污泥大多数作为有机肥被利用。由于污泥成分复杂，可能存在重金属污染及其他有害元素，城市污泥一般不建议使用。

三、有机肥料的优点和缺点

（1）有机肥料的优点　有机肥料含有丰富的有机物和各种营养元素，具有数量大、来源广、养分全面、施用污染少等优点。有机肥料不仅含有植物所需要的各种营养元素，如 N、P、K、Ca、Mg、S 及微量元素，而且还含有大量的有机物质，因而是一类完全肥料。有机肥含有维生素、激素、酶、生长素、泛酸等植物生长活性物质能促进作物生长和增强抗逆性。我国农业和生活中有机废物资源丰富。据一些专家估计，秸秆干物质重每年就有 5 亿 t，并有可青贮的茎叶等鲜料约 10 亿 t，家畜粪便约有 20.4 万 t，还有人粪尿每年约 16 亿 t。全国目前种植的绿肥，每年可固氮 160 万 t。还有城市垃圾，每年排放量约为 8 200 万 t。污水污泥，全国 37 个重点污灌区，年利用污水 14 亿 t，提供的氮肥相当于 8.3 万 t 硫酸钾，3 万 t 过磷酸钙。这些有机废物如果得以充分利用，不仅能维持和不断提高土壤肥力从而达到农业可持续发展，也使农业生态系统中各种养分资源循环再利用和环境净化。土壤施入有机肥后，土壤有机质增加，将促进土壤微团聚体数量的增加，改善土壤物理性质。

（2）传统有机肥的缺点　有机肥在农业生产中有养分全面、肥效长、增加地力、提高作物产量和品质等重要作用。但传统有机肥在生产和使用的过程中，也存在脏、臭、不卫生、养分含量低、肥效慢、体积大、制作过程花工多、使用不方便等缺点。以传统有机肥料为物质基础的传统农业，是一种封闭的循环，不用从农业以外投入新的物质和能量，不能保证大面积平衡增产和持续的高产和稳产。

第三节　农家肥

一、农家肥概述

农家肥属于有机肥的重要组成部分。一般是指以各种动物、植物残体或代谢物经过发酵而制成的有机肥，农家肥主要是以供应有机物质来改善土壤理化性能，提供营养物质，促进植物生长及土壤生态系统的良性循环。

农家肥通常以各种动物废弃物（包括动物粪便、动物加工废弃物）和植物残体（饼肥类、作物秸秆、落叶、枯枝、草炭等），采用物理、化学、生物或三者兼有的处理技术，经过一定的加工工艺（包括但不限于堆制、高温、厌氧等），消除其中的有害物质（病原菌、病虫卵害、杂草种籽等）达到无害化标准而形成的，符合如《有机肥料》（NY 525—2012）等国家相关标准及法规的一类肥料。

这类肥料也称为生物有机肥。

施用农家肥

二、农家肥的特点

第一，来源广泛，成本较低。农家肥可以就地取材，就地积制，因此，其来源广，成本低。

第二，农家肥所含的养分比较全面，肥效稳定而持久。农家肥料除了含有氮、磷、钾三大营养元素外，还含有钙、镁、硫、铁和各种微量元素以及微生物。

第三，农家肥能够改善土壤结构。农家肥中含有丰富的腐植酸，它能促进土壤团粒结构的形成，使土壤变得松软，改善土壤中的水分和空气条件，利于根系的生长；能增加土壤保肥保水性能，提高地温，还能促进土壤中有益微生物的活动和繁殖等。

第四，农家肥的肥效慢但是肥效长。农家肥中大部分养分都以复杂的有机态存在，需要经过微生物的转化分解，才能释放出各种有效养分供作物吸收利用，这个过程是较慢，但肥效较长，其肥效可延续 3~5 年。

第五，农家肥的养分含量低。各种农家肥的养分含量都很低，只施农家肥常不能满足作物生长对营养的需求，因此生产上常常增施化肥，使两者相互补充、相互促进，达到用地和养地相结合，农作物高产稳产的目的。

第六，农家肥有热性、温性和凉性之分，具有调节土壤温度的功效。一般来说，马、羊、禽、兔粪属热性肥；人粪、猪粪、堆肥以及各种泥杂肥料属凉性肥。在生产中可利用不同农家肥来调节土温。

三、农家肥分类

常用的自然肥料品种有绿肥、人粪尿、厩肥、堆肥、沤肥、沼气肥和废弃物肥料等。还包括利用榨油生产的渣饼做成的饼肥，例如菜籽饼、棉籽饼、豆饼、芝麻饼、蓖麻饼、茶籽饼等。按制作方法和原料可以分为以下几种。

（1）厩肥　指猪、牛、马、羊、鸡、鸭等畜禽的粪尿与秸秆垫料堆沤制成的肥料。

（2）堆肥　各类秸秆、落叶、青草、动植物残体、人畜粪便为原料，按比例相互混合或与少量泥土混合进行好氧发酵腐熟而成的一种肥料。农作物秸秆是重要的堆肥原料，含有作物所必需的营养元素 N、P、K、Ca、S 等。在适宜条件下，通过土壤微生物的作用，这些元素经过矿化再回到土壤中，为作物吸收利用。

（3）沤肥　沤肥所用原料与堆肥基本相同，只是在淹水条件下进行发酵而成。

（4）沼气肥　在密封的沼气池中，有机物腐解产生沼气后的副产物，包括沼气液和残渣。

（5）绿肥　利用栽培或野生的绿色植物体作肥料。如豆科的绿豆、蚕豆、草木樨、田菁、苜蓿、苕子等。非豆科绿肥有黑麦草、肥田萝卜、小葵子、满江红、水葫芦、水花生等。

（6）饼肥　菜籽饼、棉籽饼、豆饼、芝麻饼、蓖麻饼、茶籽饼等。

第四节　新型肥料

随着科学技术的进步，肥料科学领域的新知识、新理论、新技术不断涌现，肥料向复合高效、缓释控释（长效）和环境友好等方向发展，利用新方法、新工艺生产的具有上述特征的肥料被称为新型肥料，以区别于传统化肥工业的化学单质肥料和复合肥料以及未经深加工有机肥料。

（1）复混专用肥　一般指采用平衡施肥技术原理，根据植物的需肥规律和不同地区的土壤肥力，借助于现代化复混肥生产设备和工艺技术，将植物所需的营养元素经造粒等工艺流程而制成的一类新型肥料。

（2）有机无机复混合肥料　指来源于标明养分的有机和无机物质的产品，由有机和无机肥料混合和（或）化合制成。

（3）生物复合肥　是有机肥料工厂化生产和商品化发展中产生的新型肥料，是多种有益微生物与生活基质（有机肥料）形成的活性复合性肥料，通过微生物生长繁殖和有机肥料的腐熟发酵，形成了既能够提供植物速效的有机和无机养分，又能改善土壤环境的肥料。

（4）缓/控释肥料　缓释和控释肥料是指所含养分在施肥后能缓慢被植物吸收与利用的肥料，所含养分比速效肥料有更长肥效。缓/控释肥料具有减少肥料淋溶和径流损失，减少肥料在土壤中的化学和生物固定作用，减少氮肥以 NH_3 的形式挥发损失以及减少反硝化作用的损失等特点。在植物营养方面，缓/控释肥料能按植物需要的速度和浓度提供养分，以充分发挥植物本身的遗传潜力。还可以通过减少施肥次数、节约劳动力来降低施肥作业的成本。缓/控释肥料具有控释特性，重施不会使药用植物受盐分的危害或灼伤植物，还可以改变药用植物的施肥方式。

（5）叶面肥　施用叶面肥是满足植物对养分均衡需要的有效手段，叶面肥不但含有无机盐水溶液，而且含有各种生长调节剂、氨基酸等，使叶面肥具有多种功能。叶面肥养分吸收比土壤施肥快，由于尿素类物质对表皮细胞的角质层有软化作用，可以加速其他营养物质的渗透，所以尿素成为叶面肥重要的组成部分，叶面肥减少了土壤对养分的固定作用和反硝化、淋失等作用导致的养分数量损失和有效性降低的可能，从而提高了肥料的利用率，可以在外界不利的环境条件下，如根系吸收能力下降时补充养分。同时，叶面肥用量较小，而养分的利用率高，可以与其他农业药剂同时喷施，节省工时。

喷洒叶面肥

第三章　施肥方法和技术

第一节　施肥方式和方法

一、施肥的基本方式

（1）基肥　基肥，又称底肥，是在播种或移植前，结合耕地施入土壤中的肥料。它主要是供给植物整个生长期中所需要的养分，为作物生长发育创造良好的土壤条件，也有改良土壤、培肥地力的作用。

一般基肥以有机肥为主，无机肥为辅；长效肥为主，速效肥为辅；氮、磷、钾肥配合施用。施肥中要灵活运用，根据实际情况调节肥料的品种和用量。基肥施用总量占总养分量的 50% 左右。

（2）种肥　在植物播种或移栽时施用的肥料，以满足植物生长初期对养分的需求。植物生长初期根系吸收养分能力弱，而且一般植物的营养临界期在苗期，所以施用种肥是非常必要的。种肥一般以速效肥、酸性或中性肥为主，迟效性肥、碱性肥为辅，而不宜施用未腐熟的有机肥料和含有氯离子的肥料。种肥用量一般为总养分量的 5%~10%。

种肥的优越性有以下几点：①用肥量少。种肥用量不宜过多，因为种肥是直接与种子接触的，一般氮肥以硫酸铵计，每 667m^2 仅需 2~4kg。②有利于壮苗、早发。因为种肥施入后增加了根系周围速效养分的浓度，可以满足幼苗生长需要，促进根系发育。③可以弥补种子胚乳贮藏少的缺陷。例如，谷子胚乳贮藏的养分较少，对谷子施用种肥后，一般可以提高谷子产量 6%~12%。因为谷苗长到 3 叶以后，种子内的养分就消耗完了。

（3）追肥 在植物生长期间，根据植物各生育阶段对养分的需要而补充的肥料。一般要看叶、看苗，在植物的营养关键时期施肥，以速效性肥料为主。肥料用量占总养分量的 40%~50%。通常采用撒施、沟施、环施、根外追肥。施肥时要根据肥料的不同性质采用不同的方法、不同的用量。根外追肥可采用喷施叶面肥的方法，此法肥料用量少，见效快，又可避免肥料被土壤固定，在缺素明显和花卉生长后期根系衰老的情况下使用，更能显示其优势。除可用磷酸二氢钾、尿素、硫酸钾、硝酸钾等常用的大量元素肥料进行追肥外，还可在大量元素中添加微量元素或多种氨基酸成分。

生产上通常是基肥、种肥和追肥相结合，一般是以基肥为主追肥为辅。

二、施肥的基本方法

（1）撒施 是将肥料均匀撒布于土壤中。撒施可以深施，也可表施（浅施）。撒施适用于密植的作物和施肥量较大的情况。操作简便，土壤各部位都有养分被作物吸收。

（2）条施和穴施 将肥料施在播种沟和播种穴里，或施在移栽行和穴里就叫条施和穴施。肥料可施在种子的底下，也可施在种子的一侧或两侧。以下情况适合条施和穴施：①肥料用量少；②作物间距大；③容易被土壤固定的肥料，如磷肥；④作物根系发育较差，而土壤肥力较低。

（3）根外追肥 叶面施肥是强化作物营养，矫正某些缺素症状和快速调节作物生长发育的一种施肥措施。在棉花生产中，使用叶面肥具有吸收运输快，肥料利用效率高、经济效益显著、使用方便等特点，是一项技术含量高、应用效益好的农业技术。叶面喷施是一种根外施肥技术，植物除了根部能吸收养分外，叶子和绿色枝条

也能吸收养分。把含有养分的溶液喷到植物的地上部分（主要是茎叶）叫作根外施肥。主要是用于微量元素肥料，用量比较经济，可避免土壤固定，养分吸收快，效率高，易于控制浓度，减少污染。

（4）拌种、浸种、浸根和蘸根　在播种或移栽时，用少量的无机肥料或有机、无机混合肥料拌种，或配成溶液浸种、浸根、蘸根，以供植物初期生长的需要。由于肥料与种子或根部直接接触或十分接近，所以在选择肥料和决定用法时，必须预防肥料对种子可能产生的腐蚀、灼烧和毒害作用。凡是浓度过大的溶液或是强酸、强碱以及产生高温的肥料，如氨水、石灰氮和未经腐熟的有机肥料，均不宜作种肥使用。常用作种肥的有微生物肥、微量元素肥、腐植酸类肥以及骨粉、钙镁磷肥、硫酸铵、人尿、草木炭等。

第二节　施肥关键技术

一、施肥时期

施肥时期不单单只是一个施肥时间的把控，更在于与施肥种类和施肥量的结合应用。即在什么时间施入什么肥料，施入的量为多少。施肥时期其实反映了作物不同时期对营养物质的需求规律。

氮肥的施用根据药用植物不同生育期对氮素养分的需求，施用适量的氮肥，一般生长初期和中期需氮肥量大。

从作物不同的生育期来看，在多数情况下，幼苗期是磷素营养的临界期，尤其是对种粒较小的药用植物，因种子较小，贮磷量少，苗期对磷的敏感性强，可采用水溶性磷肥作种肥和早期追肥，以满足幼苗对磷的需求。药用植物生长旺盛期对磷的需求量虽增多，但此时根系发达，吸收磷的能力强，可以利用作为基肥施入的难溶性磷肥。生长后期主要通过体内的在分配满足各器官的需求。因此，只要生长前期有较丰富的磷素营养，生长后期对施用磷肥反应就较差。有些豆科植物在开花结荚期也需要适当的磷肥。

一般认为，钾的营养临界期在苗期，所以钾肥可做种肥施用，满足植物苗期对钾的需要。钾肥做追肥时，一般播种后7~10天施用。此外在作物生长旺盛期，如某些植物花蕾期、果实膨大期到果实采收期需钾量大，施用钾肥也有良好的效果。

二、施肥量

施肥量的估算最常用的方法是营养平衡估算法，即根据作物计划产量与土壤供肥量差计算施肥量。“平衡”就在于土壤供应养分不足的部分通过施肥来补充，其公式为：

施肥量=（农作物需肥量－土壤供肥量）/（肥料中有效养分含量×肥料利用率）

施肥量过大可能会抑制作物的生长，造成肥料的浪费以及环境的污染，另外，叶面肥喷施的浓度过高则会对叶片产生伤害。施肥量不足导致作物的营养吸收不足，不能满足植物生长的需要，表现出各种缺素症状，不利于植株产量和质量的提高。

在环境条件和其他管理措施相对稳定的前提下，在正常的施肥设计范围内，肥料利用率与施肥量的关系为直线递减函数，同时一种肥料施用量的变化，只会改变其利用率状况，而不会改变它实际可为作物提供的最大养分量，而且肥料利用率和施肥实际可提供的养分量都存在着极限，肥料效应和作物产量都受到它们的限制，只有从改善环境条件、改善管理措施、提高肥料品质等方面入手突破极限，肥料利用率和作物产量才能得到提升。

作物产量（因变量）和肥料利用率（自变量）之间呈上凸的抛物线关系。产量的提升，必然会带来肥料利用率的下降；反之，要想提高肥料的利用率，就必然要牺牲部分作物产量。环境条件和其他管理措施的改善，可以达到提高最高产量肥料利用率的目的。

氮肥施肥量情况，豆科的药用植物有根瘤，能进行共生固氮，对氮肥需求不迫切，可少施或不施氮肥。其他药用植物生长过程中需要较多的氮肥，尤其是叶类药材。

磷肥的当季利用率较低，而后效可持续数年。磷肥用量越多，当季利用率越低。磷肥用量过多不会像氮肥那样造成疯长倒伏，但也会造成早熟，影响产量，而且不经济。因此，在生产实践中应适当控制磷肥的用量。一般磷肥基肥用量为 20~30kg/ 亩。

钾肥在一定的作用范围内，作物产量随着钾肥的增加而增加。目前我国钾肥（K_2O）的每公顷适宜用量 37.5~75kg，但在严重缺钾和喜钾作物上，钾肥用量也可以酌情增加。在缺钾或有机肥用量大的土壤上，钾肥可以少施或不施。对育苗移栽作物，育苗田施钾肥量一般控制在大田用量的 2 倍。

第三节　中药材施肥的基本原则

一、有机肥料为主，化学肥料为辅

多年生药用植物，由于其生长时间长，因此，需要肥效持久、营养全面，对土壤有较好改良作用的肥料，而有机肥恰恰具备这些特点。此外，因在药用植物的整个生长阶段有某些需肥量较多的时期，不同的药用植物对某种营养元素的吸收量也有较大差异，所以，就需以肥效快、有效养分含量高的化学肥料来补充有机肥的不足。根据不同药用植物的需求，适当追施化学肥料，尤其是氮、磷、钾和微量元素肥料是十分必要和重要的。

二、基肥为主追肥为辅

多年生药用植物的施肥十分重视基肥的施用。基肥既能不断供给药用植物整个生育期内需要的主要养分，养分含量高且施用量较大，一般占总施肥量的一半以上，还能改良土壤结构，有效提高土壤肥力，满足药用植物生长需求。药用植物生产中所需要基肥，以长效的有机肥料为主。为了满足药用植物的某一时期对养分的大量需求，还要配合施用追肥。追肥是药用植物施肥的重要补充手段，追肥种类一般包括无机化学肥料和有机的速效性肥料，如腐熟的人畜粪尿、饼肥等。

三、土壤施肥为主根外施肥为辅

药用植物的施肥应以土壤施肥为主，但随着对药用植物需肥规律的研究，根外追肥在药用植物上应用越来越普遍，尤其是果实、花、皮脂类和种子类药用植物更重视这种施肥方法。一般磷、钾和微量元素的根外追肥较为普遍。

第四章　中药材施肥现状和存在问题

第一节　中国北方中药材种植施肥状况

为全面了解中药材生产中施肥的现状，在山东、河北、山西、内蒙古、宁夏、甘肃等6省（区）的中药材主产区，对中药材施肥方法、施用肥料种类和使用量等情况进行了走访调查。调查发现，中药材施肥沿用传统农作物施肥的方式和习惯，从选用肥料种类到施肥方法和使用量等方面均存在盲目性和诸多不科学现象。在总结中药材施肥研究成果，借鉴先进的农业施肥技术的基础上，提出了中药材施肥的建议，为中药材规范化生产提供参考。

一、调查方法和地点

采用访问调查和田间调查相结合的方法，从查阅相关文献及网络信息入手，重点调查了各产区的施肥种类及施肥习惯。调查信息包括调查地区土壤肥力情况、施肥的药材种类、施用肥料种类、施肥方式、方法和施肥量以及肥料生产厂家等。

调查地点涉及6个省的17个市（县），分别为：山东省新泰市放城镇、山东省莱芜市、河北省安国市、山西省大同市浑源县、内蒙古赤峰市敖汉旗、内蒙古呼和浩特市武川县、内蒙古包头市固阳县、内蒙古乌拉特前旗县、内蒙古鄂托克前旗县、宁夏固原市隆德县、甘肃定西市岷县梅川镇、吉林省集安市清河镇、黑龙江省黑河市逊克县宝山乡、黑龙江省鸡西市兴农镇、黑龙江省虎林市东方红镇、蛟河市前进乡兴隆村、黑龙江省绥化市庆安县兴安林场。共收集到140种肥料信息。

二、调研结果及分析

本次肥料调查完成情况如图4-1，共调查到肥料种类140种，其中，化肥115种，所占比例为82%；有机肥料8种，所占比例为6%；生物肥料6种，所占比例为4%；土壤调理剂6种，所占比例为4%；植物生长调节剂4种，所占比例为3%；肥料增效剂1种，所占比例为1%。115种化肥中有大量元素肥料100种，中量元素肥料5种，微量元素肥料10种。

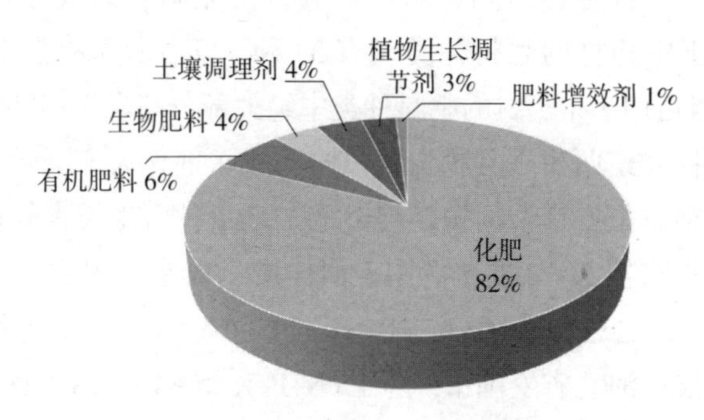

图4-1　肥种类及比例调查结果

（1）市场上流通肥料的现状　根据此次调查，目前市场上流通的肥料主要还是传统类型。结合图4-2可知，市场流通的肥料中传统类型化肥占89%，如硫酸铵、硫酸钾、碳铵、尿素、磷酸一铵、磷酸二铵、复混肥和复合肥等。生物肥料和有机肥料分别只占6%和5%。新型肥料如稳定性肥料、抑制剂、硫包衣、聚合物包膜、微生物菌剂、有机肥、叶面肥、增效型肥料流通量比较少。现有肥料也是多针对农作物或者用量较大的经济作物（如花生、土豆）研发，药农的施肥习惯与经验主要依赖于市场。因此，针对中药材专用的肥料（特别是新型肥料）市场有待大力开发。

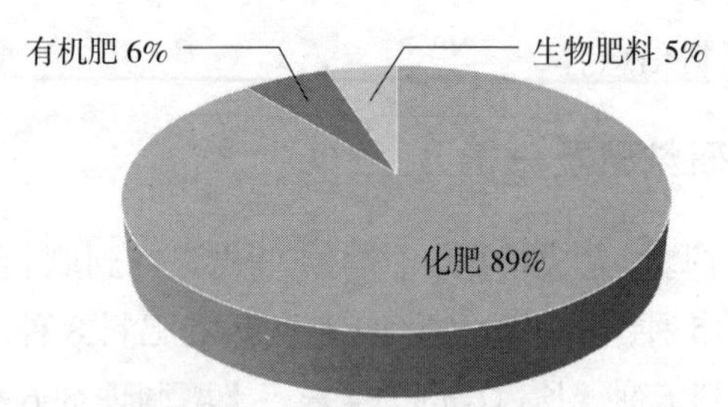

图 4-2　调查的肥料种类及比例

（2）市场上流通的可用于中药材施用的肥料种类少　调查所涉及的地点中，根据当地药农施肥经验以及肥料包装袋上的说明统计，可用于中药材的肥料种类仅有 33 种，仅占所调查肥料种类的 23.6%，且可用于中药材的肥料种类中绝大部分与农作物共用同种肥料。如在甘肃定西市岷县梅川镇，柠檬酸水剂作为土壤调理剂用于党参；吉林省集安市清河镇，神奇地王是一种含生长素的植物生长调节剂，与水按 3∶2 的比例用于西洋参、人参；内蒙古呼和浩特市武川县，二合铵复合肥（N∶P∶K=15∶17∶18）作为基肥用于黄芪、板蓝根；河北省安国市，药王（N+P+K ≥ 54%，18∶18∶18）作为基肥用于瓜蒌、白术、沙参、南星、防风；芬王（N+P+K ≥ 44%，16∶5∶23）作为基肥用于南星、白山药、半夏；丰喜复合肥料（N+P+K ≥ 43%，16∶6∶21）作为基肥用于药材、知母、南星。中草药有机肥（N+P+K ≥ 5%，有机质≥ 45%）作为基肥用于麻山药。目前，人参、三七、川芎、麦冬等药材的专用肥已研究成功并在生产中应用，提高了药材产量，改善了品质。所以，针对不同中药材品种专用肥的研究必将大有作为。

（3）对微量元素肥料作用的认识有待提高　微量元素是植物是生长所必需的，它与生物分子蛋白质、多糖、核酸、维生素等密切相关，对植物的各种生理代谢过程的关键步骤起到调控作用。Fe 元素可以有效促进丹参的主根伸长以及地上地下干物质积累。硼、锌、钼 3 种微肥配施能够不同程度地提高白芨养分吸收量、提高白芨品质、促进白芨有效成分积累，还能增加产量。适宜的铁、锌、硼、锰肥配比能显著促进附子营养器官生长，增加生物量、总生物碱含量和产量。此次调查结果中目前市场上流通的中量元素肥料只占化学肥料的 4%，微量元素肥料只占化学肥料的 9%，可见人们对微量元素肥料的认识还有待提高（图 4-3）。

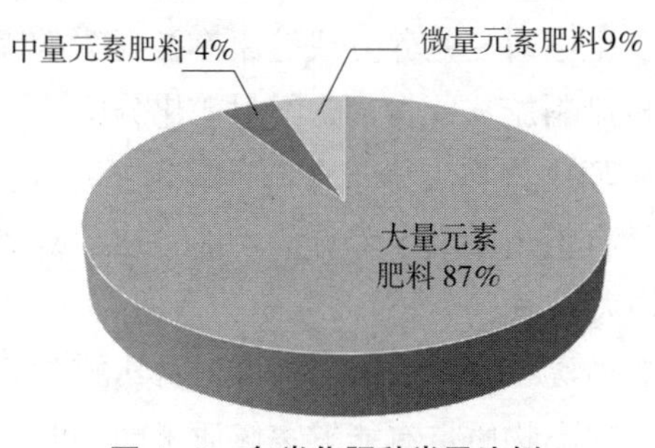

图 4-3　各类化肥种类及比例

第二节　有机肥料应用状况

一、有机肥料在农业生产中的作用

有机肥应用在农业生产中已有近千年，直到 20 世纪 50 年代，仍然是我国农民作为补充土壤养分的主要方式。目前多数地区的农户都以最大限度提高作物产量为生产目的，过度使用化肥，造成土壤中养分比例失调和严重的环境污染。不科学地使用化肥，严重破坏了土壤健康和土壤生产力的可持续性。如何正确使用肥料，针对不同的土壤及环境情况，将有机肥与化肥按不同比例施用，对缓解土壤逐步退化的状况，保护农业生产的生态环境都有极其深远的意义。施用有机肥料在农业生产中的应用是稳产、稳肥，保持土壤理化性质和生物学特性的关键措施。

（1）减少土壤养分固定，提高土壤养分有效性　有机肥料除了直接提供植物养分外，还可以活化土壤难溶性养分，提高土壤供肥强度。有机肥在矿化过程中产生大量有机酸、CO_3^{2-}等，不仅对难溶性养分具有溶解作用，而且其中的有机酸和某些有机化合物可通过螯合作用，对某些有毒成分起到解毒作用，从而改善土壤健康质量。有机物质在分解过程中产生的大分子有机化合物对铁铝氧化物具有掩蔽作用，减少土壤对一些养分或健康有益元素的固定作用，减少养分流失。有机肥料施入土壤后，经过矿化分解，一部分转化为土壤腐殖质，腐殖质中许多大分子含有可解离出氢离子而带负电荷的官能团，因而具有吸附阳离子养分的功能。通常腐殖质的阳离子交换量比黏土矿物大得多。

（2）有机肥的缓冲和保肥保水作用　腐熟的有机肥含有大量的有机胶体物质，这类物质带有能够离解质子的官能团，因而具有较强的阳离子交换能力，可有效吸附土壤中的K^+、Na^+、Ca^+、Mg^+、NH_4^+等阳离子，从而使这些养分元素免遭淋失。有机肥中的有机成分多为亲水胶体，对水分具有较强的吸持作用。施用有机肥有利于土壤保持水分，纯粹土壤颗粒的吸水量最高为50%~60%，但腐殖质的吸水率高达400%~600%，有机肥中的腐殖质在土壤中与各种阳离子结合形成的弱有机酸盐与腐殖质构成了一种缓冲体系，对缓解土壤酸碱度的变化以及确保作物有一个正常的生长环境有重要作用。有机肥还可以使土壤中许多原有重金属转化为不易活动和植物难以吸收的形态，起到净化土壤的作用。

（3）调节土壤理化性状，改善土壤结构　有机肥料可显著提高土壤有机质，而有机质作为一类重要的土壤颗粒黏结剂，对土壤结构的形成和维持结构稳定具有重要作用。土壤颗粒团聚作用的大小与有机物关系密切，土壤结构稳定性的变化依赖于有机质各组分量的变化，如颗粒有机质（POM）、多糖与脂类，而这些物质的组分量易于变化，它们在土壤中的含量取决于微生物的副产物数量和输入的量及其矿化速率。大团聚体主要受易变化的土壤有机质（SOM）组分影响。有机物分解导致长链脂类化合物比例的增加，有利于团聚体稳定性的变化。腐殖质作为最终有机质转化的产物，对微团聚体持久稳定性有利，而生物多糖则起着将微团聚体簇合成大团聚体的功能。正是由于有机肥的这种作用，才使有机肥在调节土壤水、肥、气、热的矛盾以及改替土壤健康等方面起着重要作用。

（4）促进微生物的活动与植物的根际营养　有机肥料能够为土壤微生物提供生活物质，促进微生物的活动与植物的根际营养。有机肥中的有机物质不仅给微生物提供能源，还可为微生物创造一个良好的生活环境，而且施用有机肥料还可增加土壤中的有益微生物群，进而促进土壤健康质量的改善。土壤微生物活动的加强，促进了土壤养分的分解与转化，从而诱发和刺激根际效应，活化了作物根际营养，进一步促使作物根系分泌物增加，提高土壤酶活性。有机肥料在促进植物根系对养分的吸收与转化、提高养分的有效性以及改善土壤健康质量等方面具有显著的作用。

（5）有机肥可提高肥料的利用率　有机肥含有养分多但相对含量低，释放缓慢，而化肥单位养分含量高，成分少，释放快。两者合理配合施用，相互补充，有机质分解产生的有机酸还能促进土壤和化肥中矿质养分的溶解。有机肥与化肥相互促进，有利于作物吸收，提高肥料的利用率。

（6）有机肥的抗逆、稳产、增产作用　有机肥增产的主要原因是有机肥能够保证对作物渐进而持续的养分供给。在逆境条件下，如遇到干旱、洪涝、冻害，土壤盐碱或质地过砂或过黏时，有机肥具有抗逆稳产的作用，这种特殊作用是化肥所不能代替的。有机肥对砂姜黑土、砂土、盐碱土和红壤土等的改良作用是公认的。

二、中药材有机肥施用现状

有机肥料虽然养分种类较全，使用后效较长，但由于养分含量低，当季见效慢，单独施用不能满足农户追求农作物快速生长和提高当季作物产量的需求；而化肥虽具养分含量高、见效快的特点，但容易随水流失，不能满足农作物在生长时期持续需肥的需求，同时，长期施用或使用不当，会改变土壤的酸碱性，土壤板结，降低土壤中各种微生物的活性。在中药材栽培中施用一定比例的有机肥料是有必要的，并且有机肥与无机肥配合使用，能得到很好的效果。目前，中药材种植施用基肥时基本都使用有机肥，采用有机—无机结合的施肥方式，可以使有机和无机两种肥料取长补短，降低化肥施用中养分的流失程度，促进有机肥料中养分的分解，从而提高肥料利用率，达到增收、增产的目的。施用化肥是提高产量的有效手段，但错误的施用方式会造成环境污染。为了防止化肥对生态环境造成污染，在保证中药材高产的前提下，通过增加有机肥的施用量，合理调节氮、磷、钾比例，这样才能在保证丰产的基础上，持久保持土壤的肥力。

（1）*农家肥利用情况*　一是堆沤肥。主要是农户在高温季节利用杂草、废弃物和作物秸秆积制的堆沤肥。二是厩肥（不含沼渣、沼液肥）。三是沼渣和沼液。主要以猪、牛、鸡等畜禽养殖的粪便和养殖场的废弃物作为沼气池原料，沼气是主要产品，沼渣、沼液是优质的有机肥料。沼渣可做底肥或追肥，沼液用作叶面肥喷施。沼气肥是现在农业生产中的无公害有机肥料，兼治害虫，肥效显著，受到药农的欢迎。四是土杂肥。主要是农户打扫院落、清理厕所、烧煤做饭和取暖用后的煤灰垃圾和城市生活垃圾，经处理后可用作肥料，促进了资源的有效利用。

（2）*作物秸秆利用状况*　目前，我国秸秆资源总量为80 061万t，主要品种有水稻秸秆、小麦秸秆、玉米秸秆、杂粮秸秆、薯类秸秆、豆类秸秆、棉花秸秆、油菜秸秆和花生秸秆。其中，水稻秸秆占25.6%，小麦秸秆占18.1%，玉米秸秆占31.3%，3大作物秸秆占秸秆总量的75.0%，其他作物秸秆占25%。秸秆主要利用方式有直接还田、堆沤还田、过腹还田和作为燃料等。玉米秸秆大部分直接粉碎还田，少部分经过青贮后过腹还田，但仍存在秸秆被焚烧的状况，豆类秸秆部分作为燃料使用。红薯秧和花生秸秆则主要用作饲料过腹还田。

（3）*养殖场废弃物利用情况*　主要有两个方面：一是收集起来回田利用；二是排入环境，其中，排入环境的粪尿包括两部分即堆砌放置和排入水体，因为堆砌放置的粪尿和排入水体的粪尿不易分开，所以把这两者统一起来称为排入环境。排入环境的粪尿以牛、家禽和猪为主，分别占向环境排放总磷量的37%、30%和19%。利用养殖场废弃物建立起的有机肥料厂，主要面向花卉、蔬菜和水果市场。该类商品有机肥的生产也比较滞后。有机肥厂数量和产量相对较少，有个别农户自己加工处理一些鸡粪备作肥料所用。

第三节　化学肥料施用中存在的问题

一、不合理施肥现象严重

调查过程中发现，药农施肥存在盲目攀比、滥用肥料的现象，其施用肥料更多的是借鉴农作物上的使用，缺乏科学依据，要么施肥量过少起不到促进中药材生长的作用，要么施肥量过大造成资源浪费和环境污染。

据中国科学院的分析资料，以氮肥为例，我国氮肥利用率仅为30%~40%，世界农业发达国家为50%~60%，比我国高20~30个百分点。可见，我国化肥利用率远低于世界水平，不仅浪费了资源，增加了生产成本，而且形成对环境的污染。化肥有效成分的流失造成的损失惊人，每年折合人民币高达1 000多亿元，相当于全年1 000

多家化肥的产量白白倒进地里。化肥流失还会严重污染环境，主要包括水体面源污染、土壤污染、大气污染以及农产品品质下降。目前，国内肥料行业化学化肥年产量达到6 000万t，氮肥产能过剩40%，磷肥产能过剩60%，国内氮磷肥料产品自给有余。

二、施肥对药材品质影响的认识不足

调查过程中发现，很多人认为施用化肥是降低农产品质量，造成果不甜、瓜不香、菜无味；土壤板结，pH值下降，有机质减少的罪魁祸首。然而这两个普遍的问题是过量、不合理施用化肥的结果。与此相反，合理施用化肥，可以改善药材质量，提高土壤肥力，并且避免对环境造成不良影响。肥料可谓药用植物的“粮食”，是中药材优质高产重要措施。合理施肥不仅能提高药材的产量，还能显著提高药材的活性成分含量，适宜肥料元素的施入能提高植物抗病虫害能力，同时能培肥地力、改良土壤。

三、生产应用中肥料与调节剂等相关产品概念混淆

在我国，肥料的含义有广义和狭义之分。如农业农村部肥政药政管理办公室编的《肥料登记指南》中，肥料是指“用于提供、保持或改善植物营养和土壤物理、化学性能以及生物活性，能提高农产品产量，或改善农产品品质，或增强植物抗逆的有机、无机、微生物及其混合物”，可认为这是一个肥料的广义含义。在国家标准中，把肥料定义为“以提供植物养分为其主要功效的物料”，可认为这是狭义的肥料含义。土壤调理剂、植物生长调节剂、肥料增效剂对植物养分的供给起间接作用，可合称“一肥三剂”。肥料是直接提供植物养分的物料，“三剂”是通过土壤、植物、肥料对养分的供应进行调节的物料。而在实地调查中，肥料商贩及药农往往也把土壤调理剂、植物生长调节剂、肥料增效剂认为是肥料。这样容易误导药农将“三剂”当做肥料施用。

第四节　有机肥使用中存在问题

一、对施用有机肥重视不够

目前，农村青壮年劳动力外出务工现象较普遍。留守人员多是中老年、妇女、儿童。这部分人群知识水平不高，种田养地的意识不强，对施用有机肥和含有机质的复混肥积极性不高。有的领导对有机肥的认识也不到位，没有把有机肥工作提到保护生态环境发展无公害农产品的高度。加之劳动力薄弱，施肥逐渐以化学肥料取代有机肥，导致有机肥积滞和应用率不高，忽视了有机肥在改良土壤中不可替代的作用。因而，出现秸秆被大量焚烧或乱堆乱弃售卖现象。导致土壤中一些作物必需的微量营养元素严重缺乏，病虫害加重，作物抗逆性降低。秸秆资源浪费严重，绿肥种植面积萎缩。冬季出现大量撂荒田，部分畜禽粪便流失，对环境造成影响，商品有机肥更是缺乏市场，处于艰难的发展境地。

有机肥料（除豆科绿肥中的氮素外）是收获物中的养分通过有机肥料的形式重新用于农业生产的再循环或再利用部分。有机肥料养分的资源量随着农业生产的发展而逐渐增加，施用有机肥料问题将会越来越重要。为此，必须大力提倡使用有机肥料，在政策上应给予积极支持和鼓励。有机肥含有植物生长必需的营养元素，肥效慢，发挥肥效时间长。施用有机肥不但能提高作物产量，改善产品品质，还能改善土壤理化性质，培肥地力，增强土壤后劲，达到种地养地的目的。故增施有机肥，是增产、增收的重要措施。

二、施肥水平较低可用肥料种类少

从中药材有机肥施用调查情况来看，药农对有机肥的施用量、施用方法以及不同药用植物的需肥特性认识不足，几乎都是凭经验

施肥，造成了部分药材养分不足或过量。

从中药材有机肥的种类来看，畜禽粪便和秸秆是最主要的两大类，其养分含量约占有机肥养分总量的90%，而且数量一直在迅速增长，其他种类的有机肥使用数量很少，如绿肥、河湖淤泥、熏土、生活垃圾与污水、海肥等。这些有机肥料除绿肥在一些地方还起着重要作用外，其余的都不是中药材有机肥的主要种类。所以，抓好畜禽粪便与秸秆的利用是最主要的任务。

增施有机肥、培肥地力需要较长的时间。由于个别乡村土地调整频繁，多数农户承包耕地时间都是3~5年，农民对土地利用存在短期行为，出现掠夺式生产，只用地不养地，这也是有机肥积造少、施用少的一个重要原因。

三、商品有机肥料生产技术落后

目前，我国商品有机肥料的生产技术还较落后，不少商品有机肥料生产企业规模小、厂房简陋，由于缺乏资金，只能使用落后的生产设备，一些生产环节还采用人工操作，质量保障和质量控制体系不健全。另外，秸秆的快速腐烂，禽畜粪便发酵、除臭、造粒等有机肥资源利用的关键技术尚未完全攻克，有些企业甚至把只经过简单堆沤还未完全腐熟的有机肥料卖给农民，使用后因二次发酵烧苗，给农民造成损失，极大影响了农民施用商品有机肥料的积极性。

四、推进有机肥产业发展

目前，世界各国均十分关注中药材种植的可持续发展问题，正在加大中药材有机肥料的开发生产和推广应用力度。可以相信，有机肥料将逐渐成为肥料行业生产和农资消费的热点，从而为绿色药材产业化创造良好条件。通过有益微生物的处理将农作物秸秆、畜禽粪便等有机废弃物转变成生物有机肥，使之无害化、资源化，既解决了药材种植的后顾之忧，又增加了畜禽产品的附加值，是件一举多得的好事。同时，合理施用生物有机肥还可提升土壤有机质含量，改善土壤物理性状，增加土壤微生物数量及种类，使土壤变得疏松易于耕种，从而最终提高农产品的产量和品质。因此，有机肥工厂化生产对畜禽养殖业、肥料加工和种植业都会产生良好的经济和社会效益。此外，有机肥产业的发展还可以从根本上解决有机废弃物对大气、水和土壤环境的污染，使农业生产走上可持续发展的道路。从整个农业产业及肥料市场发展状况来看，各种类型的有机肥确实应成为农业用肥的一个发展方向。但此类肥料从生产到田间应用的各个环节上还存在许多问题，尤其在产品技术含量上要有质的提升。最后，需要做好有机肥田间应用效果研究，使产出的优质中药材真正实现优质优价，并逐渐扩大有机肥在各种药用植物中的应用。要实现以上目标，尚需要相当长的一段时间，这需要有关各方面，包括政府管理部门、农技推广机构、科研院校及生产企业等共同努力，才能更好地促进中药材有机肥产业的快速健康发展。

第五章　中药材施肥的原则和建议

第一节　合理施肥的基本原则

一、坚持科学理论指导

随着科学的日益发展，许多学者在植物营养领域的科学研究逐步深入，揭示出有关植物营养与合理施肥方面的学说、定律和规律。施肥原理有：①养分归还学说；②最小养分律；③报酬递减律；④因子综合作用律。正因为它正确反映了施肥实践中存在的客观事实，所以至今仍作为指导生产实践的施肥的基本原理。

科学施肥要综合考虑药用植物与外界条件的关系。在生产时间中应该遵循的基本原则有：①平衡施肥；②首先满足最小养分；③考虑肥料效益；④必须考虑药用植物产量和质量综合因素；⑤要从农业生态的大农业观点出发。

药用植物在生育期间对各种营养元素的吸收，是有规律、按比例地进行的。各种营养元素对药用植物生长发育所起的生理作用，是同等重要、不可互相代替的。但是，比较起来以氮肥的需求量较大，并且土壤中氮素经常处于缺乏状态，因此，在种植药用植物的过程中，需要施用较大量的氮肥。同时，还要配合施用磷、钾肥。只有及时满足药材对各种营养元素的需求，才能达到稳定、高产的目的。

二、提高药材产量，稳定药材质量

对于中药材而言，其质量是首位的，其次才考虑产量，产量的含义有外在的和内在的，外在质量是传统的生药质量，如外观、大小、色泽、风味等，内在质量主要指其有效成分的含量及药效的优劣。而施肥措施对药材质量有很大影响，同时对产量亦有很大影响。假如某种施肥措施能大幅度提高药材质量，即使没有增产效果，也要采用这种措施；反之则不采用。

三、因地制宜测土配方施肥

科学施肥是农业增产和药农增收重要保障，因此需要大力推广测土配方施肥技术。对土地进行测评，并根据测评进行科学施肥，以最大限度提高施肥的效率，同时还有助于降低肥料的成本。建立起“测、配、产、供、施”的科学服务体系，根据当地土壤的特质和农业生产特点，规范肥料的使用方法，切实提高农业技术中肥料的使用率，降低药农从事农业生产的成本。

第二节　中药材科学施肥建议

一、根据药用植物营养特点科学施肥

药用植物种类、品种不同以及同一药用植物的不同发育时期，对肥料的要求不同。因此，在施用肥料时，还要注意药用植物的营养特性。由于各种药用植物的入药部位不同，有叶、茎、根入药的，也有用花、果实、种子入药的。所以对肥料的要求情况也不同，为保证高产优质的药材生产，必须适当调整施用肥料的种类和比例。一般氮肥能促进叶片生长，磷肥能提高种子产量，钾肥能促进块根、块茎的发育等。但也仅能将此作为施肥时的参考，不能单纯施用某

一肥料，而应视具体情况三者配合施用。

药用植物不同的生育阶段施肥也应有所不同。一般在药用植物的速生期到来前，应追施一些速效肥料。在播种前或移栽前耕地时，可施用长效肥作基肥。同一药用植物在不同生育期，对矿质元素的吸收情况也不一样的。在萌发期间，因种子本身贮藏养分，故不需要吸收外界肥料，随着幼苗的长大，吸收肥料的能力渐强，将近开花、结实时，矿质养分进入最多，以后随着生长的减弱，吸收下降，至成熟则停止，衰老时甚至有部分矿质元素排出体外。药用植物在不同生育期中，各有明显的生长中心。不同生育期施肥，对生长影响不同，它们的增产效果有很大的差别。在药用植物的生育前期，要注意多施氮肥，施用量要少，浓度要低，以促进植株茎叶的生长，提高药材产量；生长中期，用量和浓度应适当增加；在植株的生育后期，要注意多施磷、钾肥，以促进果实早熟、种子饱满。

营养元素种类对药材中药用活性成分含量具有明显影响。有研究表明，在肥料三要素中，磷与钾有利于糖类与油脂等物质的合成，氮素对药用植物体内生物碱、皂苷和维生素类的形成具有积极的作用，特别是对生物碱的形成与积累具有重要影响。施用适量氮肥对生物碱的合成与积累具有一定的促进作用，但施用过量则对其他成分如绿原酸、黄酮类等都有抑制作用。因此，可以根据药用植物的药用活性成分，通过施肥试验，选择合理的施肥配方。

二、根据肥料的性质科学施肥

就是根据肥料的养分含量、养分形态、养分在水里的溶解度和土壤里的变化施肥。对于有机肥及无机肥的磷矿粉、骨粉等迟效性肥料，由于肥效慢、肥效长，在生产上多作基肥施用，化肥等速效肥料多作追肥使用。此外，施肥前，应了解一些常用的规则。如绿肥最好在盛花期积压翻埋；叶面肥最后一次喷施必须在收获前 20 天进行；微生物肥料可用于拌种，也可作基肥和追肥，最后一次追肥必须在收获前30天进行。

三、根据土壤肥力和气候特点科学施肥

一般说来，对肥力高、有机质含量多、熟化程度高的土壤，增施氮肥的作用较大，增施磷肥的效果小，增施钾肥往往显示不出效果。在肥力低、有机肥用量少、熟化程度差的土壤上，施用磷肥的效果显著，在施用磷肥的基础上，施用氮肥才能发挥出氮肥的效果。

对于保肥力强、供肥迟的黏性土壤，板结不透气，应多施用有机肥料和灶灰等，以疏松土壤，改善土壤物理性状，创造透水通气的有利条件，从而改善养分供给，并将速效性肥料作为种肥和早期追肥，以利于提苗发棵。对于保水保肥力较差的砂土，应注意多施有机肥料，有机肥料不宜为完全腐熟肥，以防流失，此外配合施用塘泥或黏土，增厚土层，以增强土壤的保水保肥能力。在进行追肥时，要注意少量分期多次施用，并控制灌溉量，防止大水漫流，避免一次施用过多而流失。对于壤质土壤，此类土壤兼有砂土、黏土的优点，是多数药用植物最理想的土壤，施肥以有机肥和无机肥相结合，根据栽培品种的各生长阶段需求合理地施用。

土壤的酸碱性对肥料也有很大影响，有的肥料能溶于酸，但不溶于水，如骨粉、磷矿粉、钙镁磷肥等。它们施入酸性土壤中可以慢慢溶解，供给药用植物吸收。而施入碱性土壤和石灰性土壤就不能溶解，因效果不显著。在酸性土壤中，药用植物容易受代换性铝离子的毒害而生长不良，宜施用草木灰、钙镁磷肥、石灰氮等碱性肥料，以中和土壤的酸度。在碱性土壤中，要施用硫酸铵等生理酸性肥料，以中和土壤的碱性。另外，在盐渍土中不宜施用含氯较多的化肥，如氯化铵等。在酸性土壤中，施用磷矿粉和骨粉等难溶性的肥料，可加速溶解，提高肥效。而在碱性土壤中施用这些肥料，则效果不大。

砂质土壤要重施用有机肥，如堆肥、绿肥、土杂肥或沼肥等。追肥应少量多次施用，避免一次施用过多而流失。黏质土壤应多施有机肥，并结合加施沙子、炉灰渣类，以疏松土壤，创造透水通气条件，并将速效性肥料做种肥和早期追肥，以利提苗发棵。壤土具有砂土和黏土的双重优点，是多数中药材最理想的栽培土壤，施肥以有机肥和无机肥相结合，根据栽培品种的各生长阶段需求合理使用。

在低温干燥的季节和地区，最好施用腐熟的有机肥，以提高地温和保墒能力，而且肥料要早施、深施，以充分发挥肥效。化学氮肥、磷肥、钾肥和腐熟的有机肥一起作基肥、种肥和追肥施用，有利于幼苗早发，生长健壮，而在高温多雨季节和地区，肥料分解快，植物分蘖能力强，追肥不宜施的过早，且应量少次多为宜，以减少养分流失。

四、开发中药材专用肥

不同种类药用植物的需肥规律不同，中药材种植过程中的施肥环节应根据植物的需肥时期及需肥量进行，科学合理施肥能有效提高药材产量与品质。黄芩对磷的需求量大，适当提高磷肥的施用量有利于黄芩增产。氮肥有利于生物碱类成分合成和积累，在益母草、半夏、川芎等富含生物碱类成分的中药材种植中适当提高氮肥的施用量可保证药材质量。因此，可研究不同种类药用植物的需肥规律，研发相应的中药材专用肥，提高中药材的产量和质量，提高肥料的利用率，减少肥料过度使用造成环境污染。

第三节　积极推进有机肥使用

一、科学施用有机肥

禽粪中尿酸盐不能被作物直接吸收，并对作物根系生长有害，因此禽粪必须腐熟后施用。未腐熟的鸡粪在分解过程中会产生高温而烧苗，不能做苗床肥施用。温室中施用鸡粪要注意通风，以排出其在分解过程中产生的有害气体。

驴、马粪中含有大量的高温性纤维细菌，在堆积过程中可以产生高温，故驴、马粪可作为温床酿热材料，用以提高苗床温度，促进幼苗生长，提早移栽。猪粪养分含量高，易分解，宜用于配制苗床土使用。做苗床土时可先将猪粪堆闷、腐熟，然后按 1：1 比例配制使用。牛粪质地致密，通气性差，分解缓慢，发酵时温度低，肥效迟，故称牛粪为“冷性肥料”，不宜做苗床肥使用。为了加速其分解，可将鲜牛粪稍加晾晒，再加入马粪混合堆积发酵，如能混入钙镁磷肥或磷矿粉发酵，更有利于提高其质量。

饼肥主要有大豆饼、棉籽饼、花生饼等饼肥，其富含有机质和氮、磷等元素。可是饼肥中的氮、磷多呈有机态，很难被作物直接吸收，须经微生物分解后才能发挥肥效，故应在施用前做好发酵工作，或提早施入，以利肥效发挥。饼肥不宜做种肥，因其在土壤中分解时会产生高温和有机酸，对种子发芽及幼苗生长不利，还可能出现烧芽、烧根现象。

人粪尿易分解为碳酸铵，进一步分解为氨而挥发掉，所以不能将其晒粪干后施用；也不能与草木灰、石灰氮等碱性物质混施，以免加速人粪尿中的氨损失。

二、根据植物需肥特点合理施用

由于人粪尿含有较多的氯离子，因此不宜在薯类、甜菜、烟草等忌氯作物上施用。禽粪在分解过程中产生较高的温度，能抵御早春育苗低温冷害。禽粪可做基肥施用，不可做种肥或做苗床土使用，以免高温伤苗。

饼肥能提高瓜果类含糖量，提高烟草质量。萝卜施用饼肥后肉质根组织充实，贮藏期不易空心，并减少畸形肉质根的形成。棉、麻类施用饼肥后不但能提高产量，且能改善其品质。

厩肥又称土粪，是家禽粪尿和垫圈土的混合物，其含氮量较低，而富含速效磷和钾。厩肥经1~2个月堆积发酵后呈半腐熟状态，可施用于对厩肥利用率较高的薯类和十字花科蔬菜上。而禾谷类作物的小麦、水稻等则宜使用腐熟后的厩肥。

三、有机无机肥混合施用

有机肥与化肥不同，不仅含有氮、磷、钾、钙、镁和微量元素等各种养分，而且含有有机质，如纤维素、半纤维素、脂肪、蛋白质、氨基酸、激素及胡敏酸类物质等。有机肥可改良土壤的物理性质，改善微生物生活条件和活化土壤磷素养分，能疏松土壤，起到保水、保墒的作用，提高作物的品质和产量。

有机肥、化肥配合施用因作物而异，有机肥与化肥各有所长和不足，两者要配合施用。有机肥与化肥结合施用，能以无机换有机，以有机促无机，形成良性生物大循环。考虑到合理性和可能性，施肥量要因作物而异。对大田作物提倡施用有机肥，一般用作底肥，亩施有机肥1 000~3 000kg；对木本类药材则必须施用有机肥，一般为3 000~4 000kg。

四、大力开展秸秆还田

土壤肥力高低的重要标志之一是看土壤中含腐殖质的多少。推广秸秆和根茬直接还田，堆制秸秆肥，牲畜过腹还田，是增加土壤有机质、培肥地力、增强作物抗旱、抗病虫能力的有效措施。据测定，玉米秸秆含有机质80%以上，并含有16种植物所需营养元素，100kg秸秆含氮0.48kg，磷0.36kg，钾1.46kg。故秸秆还田是提高作物品质和产量的又一项有效措施。

第六章　中药材施肥研究技术成果

第一节　根和根茎类药材施肥研究

一、甘草栽培与施肥

1. 种植

在春季用移栽苗进行栽种，土地化冻后进行整地，开沟，行距在 20~30cm，沟深 20cm。中药材种植基地常见操作形式是机械开沟的同时人工放置种苗，种苗斜放，株距 10~15cm，随即机械覆土。如果是直播种子，则用机械播种机将种子洒在开出的 5cm 深的沟里，播种量为 4~5kg/ 亩[①]。

2. 施肥

整地后、开沟前，均匀撒施肥料，主要包括氮肥尿素、磷肥过磷酸钙等，多数种植地不施钾肥。春季一次性施入时肥料用量一般为尿素 40kg/ 亩、过磷酸钙 40kg/ 亩，若分次施入，则春季尿素用量为 20kg/ 亩、过磷酸钙 40kg/ 亩，在夏季时追施尿素 20kg/ 亩。

3. 管理

移栽苗生长旺盛期之前即 6 月进行除草，以免影响甘草地上部分生长。新疆某些地区会在 9 月割除甘草地上部分以利用生长抑制促进地下部分的生长。直播苗在出苗后一周内应进行间苗，使苗间距大于 5cm。生长第一年应及时除草，给种苗留出生长空间。

---

① 注：1 亩≈ 667m^2。全书同

二、黄芪栽培与施肥

1. 栽培

应在每年的4月中下旬到5月中旬进行移栽为宜。整地后，采用人工或机械进行开沟，沟深约20cm左右，行距一般为20~30cm。边开沟边进行种苗移栽，株距保持在10~20cm为宜。种苗一般采用平栽。播种也选择在4月末至5月初进行播种，沟深约3cm，播种后覆土1~2cm即可。

2. 施肥

整地前，均匀地撒施肥料，主要包括氮肥尿素、磷肥过磷酸钙、钾肥硫酸钾。然后，翻地进行土壤与肥料混合。春季一次性施入的肥料用量一般为尿素30kg/亩、过磷酸钙40kg/亩、硫酸钾10kg/亩。在生长旺盛期，进行尿素的追施，一般用量为20kg/亩。此外，也可根据实际情况追施叶面肥，进行营养元素的补充。

3. 管理

5月初齐苗后及时浅耕除草；之后根据实际情况进行除草，保证黄芪幼苗不被杂草的生长所抑制。生长第二年，返青期应及时除草，进而保证一年生黄芪幼苗的生长。而后可不再进行除草。

三、丹参栽培与施肥

1. 栽培

在年初2—4月栽种为宜，个别南方地区如四川省一般在年前11—12月栽种。大多是种苗移栽，四川地区主要以根段繁殖。整地深30~40cm，山东、四川产区普遍采用垄作的方式；河南、陕西产区采用平作方式。垄作有利于扩大土壤表面积，改善土壤透气性，保墒防涝。垄作分两种：雨水较多的地区大多采用大垄双行种植，垄距80~100cm；小垄单行种植，垄距60~70cm，株距15~20cm。

2. 施肥

栽种时根据各地土壤养分状况施用不同比例的复合肥 50~80kg/ 亩作基肥，基肥采用穴施或撒施与土壤拌匀。在丹参盛花期 6—7 月进行土壤追肥或喷施叶面肥，主要追钾肥、适量氮磷肥及微量元素。

3. 管理

4 月初齐苗后及时浅耕除草；5 月中旬至 6 月上旬出薹期，中耕除草，锄松表土。部分地区栽种时覆黑膜，可减少杂草生长，减少除草次数。7—8 月检查丹参病害状况，若出现病株，及时清理。

四、黄连栽培与有机肥的施用

1. 栽培

一年四季皆可移栽黄连苗，宜 3—6 月阴天移栽，尽量早栽，3 月移栽者要注意防止倒春寒。通常上午扯秧，下午栽种，应当天栽完。当天未栽完的秧苗，应摊放于阴湿处，次日栽时应再次浸根。

适宜栽植密度为 10cm 的方窝。肥沃土壤可采用 10cm × 12cm 的株行距。每窝 1 株苗，栽后压紧。种苗用量为 60 000~70 000 株 / 亩。

2. 施肥

移栽前施商品有机肥 1 000 kg/ 亩，均匀撒施于厢面，与表土拌匀后再盖厚 3 cm 左右的熏土。

一年生黄连，追肥，在移栽一个月左右植株发新根后，施用商品有机肥 150 kg/ 亩，均匀撒于厢面；10—11 月，施用商品有机肥 150 kg/ 亩，均匀撒于厢面。

二年生黄连，3 月，施商品有机肥 200 kg/ 亩；5—6 月，施商品有机肥 200 kg/ 亩。10—11 月，施商品有机肥 200 kg/ 亩。施用时，均匀撒于厢面。

三年生和四年生黄连，5—6 月，施商品有机肥 800 kg/ 亩；10—11 月，施商品有机肥 800 kg/ 亩。施用时，均匀撒于厢面。

五年生黄连，若不采收，则追肥的时间、数量和方法同第四年，若当年要采收，则只在 4 月施商品有机肥 800kg/ 亩。秋肥就不再施。

3. 管理

黄连是以数量众多的须根从土壤中吸收营养，其根茎具有向上生长又不长出土面的特性，必须逐年培土。黄连培土宜采用黄连栽培地附近没有被污染过的生土。培土要求培撒均匀，不能厚薄不一，也不能一次培得过多。培土时间可以与施肥结合进行。二年生黄连，在 10—11 月施完冬肥之后，接着马上培土，厚度 1cm 左右。三至四年生黄连，在 10—11 月施过冬肥后，接着培土 3cm 左右厚。五年生黄连如当年不采收，其培土方法同四年生黄连。

五、玄参栽培与有机肥的施用

1. 栽培

应在 11 月下旬至翌年 2 月中旬栽种，以 11 月下旬至 12 月栽种为宜。整地后，顺坡向开小区，小区长 6m，宽 1.2 m，小区面积 7.2 m^2，小区间走道 20cm，两端设保护行。在整好的厢上以株行距 40cm × 40cm 开穴，穴深 8~10cm，每穴安放 1~2 个子芽。

2. 施肥

栽种时施用腐熟的有机肥 1 000~1 500kg/ 亩，种肥采用穴施，使其与子芽隔离或与土混合，不接触子芽，最后均匀覆土 3~5cm。第一次追肥，4 月上中旬齐苗后苗高 5~10cm 时，施用人畜粪水 1 500~2 000kg/ 亩淋施。第二次追肥，5 月下旬至 6 月上旬苗高 30cm 时，施用腐熟的有机肥 1 000~1 500kg/ 亩，施后覆细土 3~5cm。

3. 管理

4 月初齐苗后及时浅耕除草；5 月中旬至 6 月上旬适时深耕除草；6—7 月封行前，再次中耕除草；封垄后，不再中耕除草。中耕除草以锄松表土不损伤玄参幼苗为度。6 月底至 7 月初现蕾初期，适当浅培土 3~5cm。

第二节　花和果实类药材施肥研究

一、槟榔宜用肥料种类与应用

槟榔（*Areca catechu* L.）为棕榈科常绿乔木，别名槟榔子、青子、大白槟、洗瘴丹等。原产马来西亚群岛，现主产于印度、巴基斯坦、斯里兰卡、新几内亚、印度尼西亚、菲律宾、缅甸、泰国、越南、柬埔寨，中非等国和地区也有栽培。我国于 1 500 年前即引进栽培，现主产台湾、海南。云南、广东、福建、广西壮族自治区等省（区）也有栽培。

槟榔以种子（槟玉）、果皮（大腹皮）及花入药。有杀虫、破积、下气、行水的功效。主治虫积、食滞、脘腹涨痛、水肿脚气、泻痢后重等症。

槟榔种子含总生物碱 0.3%~0.6%，主要为槟榔碱及少量的槟榔次碱、去甲基槟榔碱、去甲基槟榔次碱、异去甲基槟榔次碱、槟榔副碱、高槟榔碱、右旋儿茶精、左旋表儿茶精、肉豆蔻酸、棕榈酸、硬脂酸、油酸、氨基酸、糖、槟榔红色素及皂苷等。

槟榔专用肥

施肥种类有槟榔专用肥。大多

槟榔幼龄期

数仍以有机肥为主，混施化肥。幼龄期是以营养生长为主的阶段，需要氮素较多。因此，施氮肥为主，植后第 2 年至结果前，每年要施 3~4 次肥，于 2、5、11 月或每季中各施 1 次。每株每次施有机肥 5~10kg，磷肥 0.2~0.3kg，尿素 0.1kg 或复合肥 0.2~0.3kg，或人粪尿 5kg，在树冠外围 20cm 处或行中间挖穴或开沟施下，并盖土。冬季施肥，每株加施氯化钾 0.2kg。成龄槟榔营养生长和生殖生长同时进行，对钾素的要求较多，正常生长的槟榔，花芽含钾量 2.39%。比其叶片高 2.5 倍左右，故成龄树要增施钾肥，一般每年施肥 3 次，第一次为花前肥，在 2 月开花前施下，每株施厩肥 10kg，人粪尿 10kg，氯化钾 0.15kg。第二次为青果肥，此期叶片旺盛，果实迅速膨大需要较多氮素，故增施氮肥，6—9 月施下，每株施厩肥 15kg，人粪尿 10kg，尿素 0.15kg，氯化钾 0.1kg。第三次为入冬肥，以施钾肥为主，施肥量根据实际情况而定。

目前研发一种槟榔有机无机混合肥料，施用方法为幼年树每年施一次，250g/ 株，作为追肥沟施。成年树开花前和采果后各施用一次，500g/ 株，作为追肥沟施。槟榔施肥技术已建立示范基地进行探索说明。

槟榔施肥技术示范基地

二、山银花（灰毡毛忍冬）栽培与有机肥的施用

1. 栽培

当年 10—11 月和次年 2 月中旬至 3 月上旬均可定植，以 10—11 月中旬定植为宜。在整地后的栽植地上，按行株距（150~200）cm × 200cm 挖穴，亩栽植 150~220 株。

2. 施肥

定植穴大小为（30~50）cm ×（30~50）cm ×（30~50）kg。挖穴时将表土和底土分开，回填时混以腐熟的有机肥，每穴施用有机肥 10~15kg。腐熟的有机肥置于定植穴的下层和中层，表土覆盖于定植穴的上层，并培成土丘。定植穴应于定植前 1~2 个月准备完成。底土于植株定植后放于最上层。酸性土壤每穴增施生石灰 0.5~1.0kg。表土放在底层，底土回放在表层。

追肥于 2 月中下旬至 3 月上旬、4 月底至 5 月上旬分别进行。采用于距离植株基部 30cm 以外至树冠滴水线内开环沟、半环沟或品字形环沟施肥方法，沟深 15~20cm，施肥后回土并及时灌水。第一次追肥，2 月中下旬至 3 月上旬进行，每株有机肥 2.0~2.5kg。

第二次追肥，4 月底至 5 月上旬进行。每株有机肥 2.0~2.5kg。

3. 管理

一般施肥与除草同时进行，施肥后马上进行除草。移栽后第 1、2、3 年每年中耕除草 4 次。发新叶时进行第一次，5—6 月进行第二次、7—8 月进行第三次，秋末进行第四次。杂草多的地块可在 3 月、4 月、5 月、7 月、9 月进行除草。从第 4 年起仅在早春、夏初、秋末冬初各进行一次。在山银花树上覆盖稻草、麦草等蒿秆，盖草厚度约为 5~10cm。亦可覆盖黑色或银灰色可降解地膜。

第三节　沉香和青蒿施肥研究

一、白木香宜用肥料种类与应用

白木香［*Aquilaria sinensis*（Lour）Gilg）］又称土沉香，属瑞香科沉香属，是一种热带及亚热带常绿乔木，为我国特有的珍贵药用植物。白木香以其含树脂的木材入药，药材名为沉香，为国产中药沉香的正品来源，也是我国生产中药沉香的唯一植物资源。

1. 主要化学成分

白木香含挥发油，其中含倍半萜成分：沉香螺醇、白木香酸、白木香醛、白木香醇、去氢白木香呋喃醇、β-沉香呋喃、二氢卡拉酮、异白木香醇。还含其他挥发成分：苄基丙酮、对甲氧基苄基丙酮、茴香酸。又含 2-（2-苯乙基）色酮类成分 6-羟基 -2-（2-苯乙基）色酮即是 AH3,6-甲氧基 -2-（2-苯乙基）色酮即是 AH4,6,7-二甲氧基 -2-（2-苯乙基）色酮即是 AH5,6-甲氧基 -2-[2（3' -甲氧基苯）乙基] 色酮即是 AHb1,2-（2-苯乙基）色酮即是 AH8，6-羟基 -2-[2-（4' -甲氧基苯）乙基] 色酮，5,8-二羟基 -2-（2-对甲氧基苯乙基）色酮，6,7-二甲氧基 -2-

(-2-对甲氧基苯乙基)色酮，5,8-二羟基-2-(-苯乙基)色酮。

2. 主要药理成分

对消化道系统的作用、对中枢神经系统的作用、尚有镇静、止喘作用、抗心律失常、抗心肌缺血作用等。

3. 栽培与施肥

沉香是中国名贵中草药材，也是稀有的高级香料，还是佛教修行的上等贡品，其经济价值极高，产品供不应求，国内外奇缺，价格贵如黄金，正所谓“一片万钱”。专家从植物学的角度说，沉香只能形成于生长在东南亚热带雨林地区的瑞香科沉香属的乔木型香品种树木之中，它或形成在树的表皮处或根部、树干处。

喜温暖湿润气候，耐短期霜冻，耐旱。幼龄树耐荫，成龄树喜光，对土壤的适应性较广，可在红壤或山地黄壤上生长，在富含腐殖质、土层深厚的壤土上生长较快，但结香不多。在瘠薄的土壤上生长缓慢，长势差，但利于结香。用种子繁殖，育苗移栽法。在秋季果熟期，采摘果皮开裂的种子，播于苗床上，按行株距15cm×10cm下种，每1hm^{2}用种量75kg。幼苗经培育1年，苗高50~80cm，按行株距2m×15m挖穴移栽定植。幼龄树期每年除草松土4~5次，并于2—3月和10—11月各追肥1次，以追施人畜粪水和复合肥为主。成龄树施肥量适当增加。

4. 种植前准备

按株行距挖穴，穴的规格，即宽50cm×50cm，深40cm。挖好植穴后，先回填表土，这时要配合投放基底肥。每株用量：复合肥100g、钙镁磷100g、过磷酸钙250g，结合回填土混合均匀。但要注意：投放肥料的顺序，先放复合肥料混匀表土→投放钙镁磷、过磷酸钙→混匀表土，然后将苗栽植其上。这样做的目的是，避免根系直接与复合肥接触，又可使根系直接接触到钙镁磷和过磷酸钙，有利于生根。栽植时要注意适当深栽，避免露出地径基部。栽植后，整个回填土应略高于穴面成小丘形，或开排水沟，切勿积

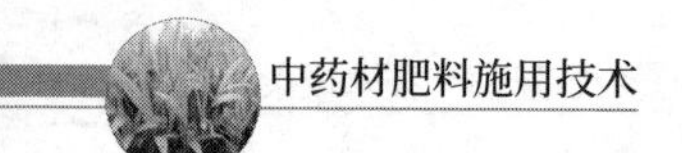

水、土埋，以免烂根。

栽植方法：起苗前将苗木下部的侧枝及叶片剪去，留住上部数个片叶，并将每片叶剪去一半。栽苗时植株直立，根系舒展，分层覆土，浇透定根水。成活率可达95%以上。

幼树的抚育：种植后，当年雨季末期松土、锄草2次。以后3年内应加强除杂、除蔓除草、松土、扩穴等抚育管理工作。每年抚育二次，分别在雨季前、后各抚育1次。施肥：在结合松土、除草、扩穴时，在雨季期间，每年施肥2次，每次每株施复合肥100~150g，白木香种植1年内以施水肥为主，用1∶10人畜粪水或0.2%复合肥水溶液淋施。种植的第2~5年内，每季度每株每次穴施有机肥2~5kg或生物菌肥100~150g。当进入造香时期，可在每年雨季结束前，穴施有机肥7.5~10kg或生物菌肥0.5~1.0kg混合高氮三元复合肥150~200g。

白木香幼树

二、青蒿栽培与有机肥的施用

1. 栽培

3月20日至4月20日，选择苗高15~20cm壮苗，在阴天或晴天傍晚移栽。移栽密度以肥土少栽、瘦土多栽为原则，密度为 1 500~2 000 株 / 亩。不同土壤肥力的株行距：平整的肥土地净种行窝距 90cm×70cm，平整的瘦土地净种行窝距 70cm×50cm；坡地肥土净种行窝距 60cm×70cm，坡地瘦土净种行窝距 40cm×50cm。套作窝距为 70~80cm，与矮杆作物套作。

2. 施肥

移栽前深施、窝施，施用腐熟的有机肥 2 000~2 500 kg/ 亩，均匀施于穴底，与泥土混匀后覆细土 3~5cm。第一次追肥，移栽后约 20d 左右施肥一次。施用腐熟的有机肥 1 000~1 500kg/ 亩，施后覆细土 3~5cm。并施用腐熟的清淡人畜粪水 1 500~2 000 kg/ 亩淋施。第二次追肥，5 月中下旬，施用腐熟的有机肥 1 000~1 500kg/ 亩，施后覆细土 3~5cm。

3. 管理

青蒿生长期间人工除草 3 次，除草与施肥结合进行。移栽后 15~25d 浅耕除草；1 月后（6 月上旬）进行第二次中耕除草。第三次在青蒿分枝盛期（6 月下旬），将除草和对培土结合进行，培土高 20~25cm。封行后停止中耕除草。

第四节　缓控释全营养黄芪专用肥

一、产品特点

第一，营养全面，针对性强，经过连续多年多点试验研究，根据黄芪生长过程中对氮磷钾及中微量元素的需求规律，将大、中、微量元素合理调配而成。

第二，肥效期长，养分利用率高选用多种包膜原料，使肥料养分释放与黄芪生长需求协调一致。整个生长期不脱肥，养分利用率高。

第三，增产幅度大，药材质量稳定田间对比试验结果显示，产品比等量普通复合肥增产15.85%~29.36%。且药材质量达标。

第四，降低环境污染通过提高利用率降低了硝酸根离子、亚硝酸跟离子及氮氧化物对水体和大气的污染。

二、主要适用地区和使用方法

适用中国北方地区，用于黄芪育苗或移栽种植。

方式一：全部作基肥施入，有机肥40kg/亩+专用肥30~50kg/亩。

方式二：基施+追施施入，有机肥40kg/亩+专用肥25~30kg/亩。6—7月追施专用肥10~20kg/亩。

三、注意事项

具体需根据实地土壤养分含量、气候条件等，在技术人员指导下施用。

四、应用实例

实例1 地点：内蒙古丰镇黑土台

黄芪专用肥用量：50 kg/亩，增产率：44.82%

实验结果：见表6-1

表6-1 内蒙古丰镇大田生产性试验对比结果

编号	施肥品种数量（kg/亩）	鲜重（kg/亩）	增产量（kg/亩）	增产值（元/亩）	增产率（%）	肥料投入（元/亩）	产投比
1	当地肥二铵30+硫酸钾5+尿素10	205	–7	–35	–3.31	130	–1.27
2	河北萌帮肥50	233	21	105	9.91	150	–0.3
3	黄芪专用肥50	307	95	475	44.82	130	2.65
4	黄芪专用肥40+有机20	245	33	165	15.57	124	0.33

（续表）

编号	施肥品种数量（kg/ 亩）	鲜重（kg/ 亩）	增产量（kg/ 亩）	增产值（元 / 亩）	增产率（%）	肥料投入（元 / 亩）	产投比
5	按（13–17–15）配制复混肥 50	255	43	215	20.29	130	0.65
6	按（13–17–15+Fe）配制复混肥 50	252	40	200	18.87	130	0.54
7	对照不施肥	212	0	0	0	0	*

实例 2　地点：内蒙古宝昌

黄芪专用肥用量: 20kg/ 亩，增产率: 11.24%

实验结果：见表 6–2

表 6–2　内蒙古宝昌大田生产性试验对比结果

编号	施肥品种数量（kg/ 亩）	鲜重（kg/ 亩）	增产量（kg/ 亩）	增产值（元 / 亩）	增产率（%）	肥料投入（元 / 亩）	产投比
1	普通（12–18–15）复合肥 20+ 硝酸钙镁 10+ 叶面肥	614	0	0	0	71	—
2	黄芪专用肥 20	683	69	172.5	11.24	55	2.14

实例 3　地点：陕西靖边

黄芪专用肥用量: 30 kg/ 亩，增产率: 30.32%

实验结果：见表 6–3

表 6–3　陕西靖边大田生产性试验对比结果

编号	施肥品（种数量）（kg/ 亩）	鲜重（kg/ 亩）	增产量（kg/ 亩）	增产值（元 / 亩）	增产率（%）	肥料投入（元 / 亩）	产投比
1	普通（12–18–15）复合肥（25）	1458	163	815	12.59	108	6.55
2	河北萌帮肥（50）	1575	280	1400	21.63	208	5.73
3	黄芪专用肥（50）	1430	135	675	10.43	188	2.59
4	按（13–17–15）配制复混肥（50）	1402	107	535	8.27	188	1.85
5	按（13–17–15+Fe）配制复混肥（50）	1343	48	240	3.71	188	0.28
6	黄芪专用肥（40）	1563	268	1340	20.7	160	7.38
7	黄芪专用肥（30）	1689	394	1970	30.43	132	13.92
8	对照不施肥	1295	0	0	0	48	

注：此试验地块基底全部施过生物有机肥 40kg/ 亩

五、推广使用情况

2017 年已经被多个企业认同采购使用，部分实例见表 6–4。

表 6–4　黄芪专用肥推广应用实例信息

推广应用地点	总用量（t）
内蒙古包头市固阳县	32
内蒙古包头达茂旗石宝镇红井滩村	10
河北省承德市隆化县步古沟镇柳沟营村	10
黑龙江省佳木斯市同江市	15
山西省大同市大同县巨乐乡巨乐村	7